三峡库区农业非点源污染机理与负荷估算——以香溪河流域为例

黄智华　周怀东　刘晓波　著

中国水利水电出版社
www.waterpub.com.cn
·北京·

内 容 提 要

本书主要基于作者在三峡库区香溪河流域的部分研究工作。全书内容共分为6章，第1章重点介绍了本书的研究背景和意义、研究内容和技术路线；第2章重点介绍了香溪河流域的自然地理背景、农业非点源污染主要来源等；第3～5章重点介绍了香溪河及库湾回水区的地表水环境特征，研究区坡地径流氮磷流失机理，以及香溪河流域农业非点源污染时空分布特征；第6章重点介绍了香溪河流域农业非点源污染管理措施的情景模拟。

本书不仅介绍了非点源污染的原型观测试验，而且基于水文水质模型模拟了小流域非点源污染负荷的时空变化特征。本书可供在农田水利、环境科学、环境保护等方面从事科学研究、生产实践的科研、行政管理人员及其他相关人员阅读参考。

图书在版编目（CIP）数据

三峡库区农业非点源污染机理与负荷估算 : 以香溪河流域为例 / 黄智华等著. -- 北京 : 中国水利水电出版社, 2019.10
ISBN 978-7-5170-8166-1

Ⅰ. ①三… Ⅱ. ①黄… Ⅲ. ①农业污染源－非点污染源－污染控制－研究－湖北 Ⅳ. ①X501

中国版本图书馆CIP数据核字(2019)第249861号

书　名	**三峡库区农业非点源污染机理与负荷估算** **——以香溪河流域为例** SAN XIA KUQU NONGYE FEIDIANYUAN WURAN JILI YU FUHE GUSUAN——YI XIANGXI HE LIUYU WEILI
作　者	黄智华　周怀东　刘晓波　著
出版发行	中国水利水电出版社 （北京市海淀区玉渊潭南路1号D座　100038） 网址：www.waterpub.com.cn E-mail：sales@waterpub.com.cn 电话：（010）68367658（营销中心）
经　售	北京科水图书销售中心（零售） 电话：（010）88383994、63202643、68545874 全国各地新华书店和相关出版物销售网点
排　版	中国水利水电出版社微机排版中心
印　刷	清淞永业（天津）印刷有限公司
规　格	184mm×260mm　16开本　6.25印张　150千字
版　次	2019年10月第1版　2019年10月第1次印刷
印　数	001—500册
定　价	**48.00**元

凡购买我社图书，如有缺页、倒页、脱页的，本社营销中心负责调换

版权所有·侵权必究

前　言

三峡水库是我国重要的淡水水源保护区，库区水环境安全关系到我国社会经济发展的全局，备受国内外关注。随着对点源污染控制力度的加强，非点源污染对库区水体水质的影响越来越引起人们的关注。为保护库区水质安全，促进库区社会经济可持续发展，开展对库区农业非点源污染的系统研究和污染防治工作具有重要的现实意义和社会价值。

本书主要基于作者在三峡库区香溪河流域的部分研究工作。以三峡库首支流香溪河为例，基于系列原型试验，采集了大量的观测数据，揭示了三峡库区典型小流域非点源污染负荷氮、磷的发生机理。此外，在原型观测的基础上，利用GIS技术系统模拟了小流域非点源污染负荷的时空变化特征，识别了典型小流域非点源的敏感区域，并结合污染负荷输出过程，提出了流域非点源污染控制对策，为三峡库区农业非点源年负荷量估算、敏感源区预警及管理方案模拟等提供了技术支撑。

全书内容共分为6章，第1章重点介绍了本书的研究背景和意义、研究内容和技术路线；第2章重点介绍了香溪河流域的自然地理背景、农业非点源污染主要来源等；第3～5章重点介绍了香溪河支流及库湾回水区的地表水环境特征，研究区坡地径流氮磷流失机理，以及香溪河流域农业非点源污染时空分布特征；第6章重点介绍了香溪河流域农业非点源污染管理措施的情景模拟。主要研究结论如下：

(1) 香溪河流域坡地径流氮素流失主要以溶解态NO_3-N为主，磷素流失主要以颗粒态为主。土地利用对氮、磷流失的影响较大，其中耕地氮、磷流失最为严重；其次是柑橘地和茶地，林地较轻。

(2) SWAT模型对香溪河流域径流和泥沙的模拟效果较好，模型验证系数R^2和E_{NS}均在0.8以上。模型对非点源污染负荷氮、磷的模拟结果基本可信。

(3) 香溪河流域对三峡水库蓄水初期（2004—2009年）径流、泥沙的贡献量分别为12.6亿m^3/a和40万t/a，对污染负荷氮、磷的贡献量为1512t/a和326t/a。汛期（4—9月）是农业非点源污染发生的高峰期，其中径流量占全年径流总量的81%，泥沙量占90%、总氮和总磷输出量分别占73%和84%。

(4) 减少化肥施用量和实施退耕还林措施都能在一定程度上减少农业非点源污染的流失。其中，化肥施用量减半至少可以削减氮、磷污染负荷的15%，实现全部耕地退耕还林可以削减氮、磷污染负荷的25%以上。

本书相关研究得到了国家水体污染控制与治理科技重大专项“三峡水库水污染防治与水华控制技术及工程示范”课题1“三峡水库水环境演化与水环境问题诊断研究”（课题编号：2009ZX07104-001）子题2“库区流域主要污染物的源强特征与入库负荷研究”，以及中国水利水电科学研究院科研专项“流域非点源污染机理与负荷估算技术研究”（环集0929）的联合资助；本书的出版得到了中国水利水电科学研究院基本科研专项“重点区域地表水背景值调查评价及分析方法”（环基本科研ky1737）的资助。在此一并感谢！

本书由黄智华、周怀东、刘晓波联合编著，王雨春、毛占坡、张士杰、杜霞、杜彦良、蒋艳、董飞等提出了很多宝贵的意见和建议。全书由黄智华负责统稿校核。感谢中国水利水电出版社周媛编辑为本书的出版所付出的辛勤劳动。

由于时间和水平有限，不免有疏漏之处，敬请读者不吝指正。

编者

2019年6月于北京

目录

第1章 绪论

1.1 研究背景和意义

从全世界范围看，随着点源污染控制水平的提高，非点源污染已经成为导致水环境污染的主要因素，其比例远远大于来自城区的工业和生活点源污染[1]。农业活动的广泛性和普遍性是引起地表水和地下水非点源污染的主要原因。Dennis 等（1997）研究发现，农业非点源污染影响了世界陆地面积的 30%～50%[2]；美国 60%以上的地表水环境污染源属于非点源[3]，其中农业生产活动是最大的非点源污染，占非点源污染的 68%～83%[5]；丹麦 270 条河流中，94%的氮负荷和 52%的磷负荷是由非点源污染引起的[6]；在荷兰，农业非点源提供的总氮和总磷分别占水环境污染总量的 60%和 40%～50%[7]；瑞典西海岸的拉霍尔姆湾，60%的河流输入氮来自农业，其南部的谢夫灵厄流域，来自农业的氮占氮输入总量的 84%～87%[8]。发展中国家在工业化和城市化程度不高、农业生产占主导地位的情况下，非点源污染尤其是农业非点源污染的影响更显重要，是控制和改善水环境质量必须考虑的主要问题之一。例如，我国太湖流域，农业非点源氮素占入湖总氮量的 77%，磷素占 33.4%[9]；云南滇池的氮、磷污染源调查结果显示，来自农田地表径流的氮、磷污染负荷分别占氮、磷污染总量的53%和42%[10]。2010 年全国第一次污染源普查结果表明，来自农业非点源的氮、磷污染分别占氮、磷污染负荷总量的 57.2%和 67.3%。由此可见，农业非点源污染已经成为我国水环境质量研究中亟待解决的关键问题。

三峡工程是举世闻名、备受世人关注的跨世纪工程，是集防洪、发电、航运等综合功能于一体的一项特大型水利与生态工程，坝址位于宜昌市三斗坪。2003 年 6 月 1 日，三峡工程下闸蓄水，6 月 10 日水库蓄水到 135m；2006 年 9 月 20 日，三峡工程开始 156m 蓄水，至 10 月 27 日实现 156m 蓄水目标；2008 年 9 月 28 日和 2009 年 9 月 15 日三峡工程两次进行 175m 试验性蓄水，但分别蓄水至 172.3m 和 171.43m；2010 年 10 月 26 日水库蓄水至 175m 设计水位。

三峡库区位于我国长江上游段尾端和大巴山段褶带、川东褶带及川鄂湘黔隆起褶皱带三大构造单元的交汇处，是因建设长江三峡水利工程而形成的一个地理区域，范围介于北纬 28°32′～31°44′、东经 105°44′～111°39′30″之间。三峡水库大坝建成后，水库正常蓄水位175m，受回水影响的水库淹没区和移民安置区所涉及的重庆市、湖北省共20个县（市、区），统称为三峡库区，包括东起湖北宜昌，西至重庆江津667km沿长江两岸分水岭范围。库区地貌类型以山地为主，开发历史悠久，土地垦殖系数高，因此极易发生水土流失。据2005年遥感调查结果，三峡库区（重庆、湖北）水土流失面积近3万km^2，平均土壤侵蚀模数为3642t/(km^2·a)，土壤侵蚀总量约1.46亿t/a，是全国水土流失严重的区域之一。由于库区耕地面积少，人口密度大，从农业生产条件现状可以看出，为增加粮食收入，缓解人地矛盾，各种化肥、农药的投入必然增长，随之而来的化肥、农药污染也逐年加剧。此外，随着经济的发展，在库区涌现了许多集约化畜禽养殖场和养殖小区，其排放的污染物是造成水体中氮、磷营养盐超标的重要原因之一。

三峡库区是我国重要的淡水水源保护区，库区水环境安全关系到我国社会经济发展的全局，备受国内外关注。目前除因洪水灾害导致的水污染事故外，非点源污染尚未造成突出的水污染问题，但影响水体的背景浓度，控制主要污染物的入库通量变化，同时也影响库区点源的治理程度。库区有流域面积大于100km^2的一级支流40多条，带进了农田流失的大量氮、磷营养物质。库区水质在多种污染源尤其是农业非点源污染的作用下不断恶化，特别是水库蓄水后，江水流速变缓，河流输送氮、磷物质的能力受阻，造成氮、磷局部富集，给藻类的生长繁殖提供了营养条件。此外，三峡水库常年水温较高，换水周期较长（平均约77d，死水区更长），如果出现日照增长、雾日减少、气温升高的气候环境，将大大增加富营养化发生的可能性。根据三峡库区长江干流国控断面（朱沱、寸滩、清溪场、晒网坝、培石）的水质监测结果，水库156m蓄水期间（2006年），库区干流60%以上的断面水质维持在Ⅱ～Ⅲ类，与135m蓄水期相比，水质有所改善，但入库断面水质相对较差，总氮和总磷有超标现象。库区主要支流回水区由于受水体扩散能力、降解速率及干流壅水影响，总氮、总磷、氨氮和高锰酸盐指数等指标都出现恶化的趋势，水质多以Ⅳ类为主，与135m蓄水期相比，水质有所下降，部分次级河流已经出现较严重的富营养化问题，如梁滩河、花溪河、龙溪河、大宁河、香溪河等。

香溪河位于三峡库区坝首，是最先受水库蓄水影响的河流，也是三峡水库湖北段的最大支流，发源于鄂西神农架林区，流经兴山县后在秭归县的香溪镇注入长江。由于受水库蓄水后回水顶托的影响，香溪河水位不断抬升，水流变缓，并逐渐形成回水水域的“平湖”生境，不利于库湾水体与干流水体之间的交换，结果导致水体自净能力下降，氮、磷等营养物质在库湾不断累积，在合适的温度和光照条件下，容易诱发富营养化现象[11]。根据兴山县水文局提供的香溪河“水华”监测资料统计结果，自2004年开始，每年2—10月，香溪河干流及其支流均会出现不同程度的“水华”现象，而且“水华”持续时间越来越长，涉及范围也越来越广。特别是2008年6月，香溪河库湾第一次暴发大面积“蓝藻水华”，主要集中在距河口20～30km的库湾中上游高岚河段，持续时间长达一个月，这表明香溪河“水华”优势种已经从不产毒素的甲藻、硅藻、绿藻逐渐向产毒素的蓝藻演替，“水华”现象已愈演愈烈，严重威胁香溪河及三峡水库的水质安全。

鉴于香溪河在整个三峡库区的特殊地理位置及具有相对代表性的水环境特征，本书选择香溪河流域作为研究对象，主要开展以下两方面的研究工作：一是农业非点源污染机理研究，即从农田尺度出发，通过对场次降雨条件下坡地产流和产污过程的分析，阐明地表径流氮、磷的流失特征及不同土地利用类型氮、磷流失的规律；二是农业非点源污染模型研究，即从流域的尺度出发，通过构建分布式非点源污染模型来模拟整个研究区域的农业非点源污染时空分布特征，识别土壤流失的敏感源区，并对流域出口的氮、磷污染负荷入库通量进行估算。其主要目的是通过这两方面研究工作的有机结合，全面诊断香溪河流域农业非点源污染的发生和发展过程，有效评估其对三峡水库非点源污染负荷的贡献量，为库区非点源污染控制与管理决策系统的构建提供基础数据。

1.2 农业非点源污染研究综述

在非点源污染引起的各种水环境问题中，不同地区起主导作用的污染源类型各不相同。根据产生污染物的非点源污染体的不同，大致可以分为以下几种类型：①农业非点源污染；②城镇非点源污染；③矿区非点源污染；④林区非点源污染；⑤大气沉降引起的非点源污染等。其中，农业非点源污染是最普遍的非点源污染[10,12,13]，主要指在农业生产活动中，农田中大量的土粒、氮、磷、农药及其他有机和无机污染物质，在降水或灌溉过程中，通过农田地表径流、农田排水和地下渗漏进入河流、水库、湖泊等受纳水体而引起的水环境污染。

1.2.1 农业非点源污染的来源及其对水环境的影响

1.2.1.1 农业非点源污染的来源

农业非点源污染的来源主要包括以下几个方面。

1. 水土流失

水土流失与农业非点源污染是密不可分的。首先，由水土流失带来的泥沙本身就是一种污染物，此外，泥沙和地表径流又是有机物、重金属等污染物的主要携带者[14]。在过去的100年里，全世界每年约有35亿t沉积物进入河道，其中有75%来自农田和林地，损失的氮、磷量分别为260万t和170万t[15]。我国也是世界上水土流失最严重的国家之一，据统计我国每年表土流失量在50亿t以上[16]，带走的氮、磷、钾等养分相当于全国一年的化肥施用总量[17]。

2. 化肥、农药施用

化肥对农业的贡献是有目共睹的，在现代农业生产过程中，大量的化肥（主要包括氮肥、磷肥和钾肥）投入是实现粮食增产的最有效措施之一。然而，施入土壤中的化肥，除少量被植物生长吸收外（氮肥的利用率为30%～35%，磷肥仅为10%～20%，钾肥为35%～50%）[18-20]，大量剩余养分在土壤中逐渐累积，并经由雨水冲淋、农田灌溉、土壤渗透等途径进入受纳水体，不仅造成农业生产的损失，还加速了水体的富营养化[21,22]。

农药也是水体非点源污染的主要来源。据农业部门调查，我国每年使用农药防治面积超过 $1.5\times10^8 hm^2$[23]（$1hm^2=10^4m^2$）。但田间试验表明，喷施的农药仅有20%～30%附着在目标作物上，30%～50%降落到地面，其余漂游于空气中，空气中的农药又通过降水返回陆地，污染土壤和水体。据统计，目前世界上化学农药的产量已超过200万t，品种达1000种以上。我国农药的产量和使用量都居世界前列，1997年农药总产量为66.6万t，使用量为131.2万t，平均用量为 $14kg/hm^2$，比发达国家高出1倍，但利用率不足30%。大量使用农药，虽然控制了病虫害，但大部分农药残留于环境中，造成潜在的环境威胁[19,24]。

3. 畜禽养殖和农村生活排污

我国的畜禽养殖业近20年来发展迅速，养殖规模由农民个体家庭饲养逐步走向集约化、工厂化养殖。畜禽养殖污染主要是畜禽产生的粪便，我国目前的畜禽粪便大部分不经处理或简单处理就直接排入受纳水体，对水体造成严重污染[25]。据估算，我国畜禽粪便主要污染物中总氮和总磷的年均流失量分别为345.50万t和41.95万t，已超过化肥的流失量[26]。农村居民生活污水未经处理就直接排入水体或者土地系统也会对水环境造成严重污染。中国农业科学院土壤肥料研究所的研究结果显示，在中国水体污染严重的流域，农村畜禽养殖和城乡结合带的生活排污是造成流域水体氮、磷富营养化的主要原因，其比例远远超过来自城市的生活和工业点源污染[27]。

4. 农田灌溉排水和污水灌溉

在干旱和半干旱地区，农业大多需要灌溉供水。长期灌溉使得累积在土壤中的盐类和肥料淋融，从而导致土壤盐碱化，地下水含盐量增加[14,16]。农田污水灌溉是污水农业利用大力提倡的一种方式，污染物可以通过土壤的自然净化和农作物的吸收得到有效控制，但如果污水灌溉施用量过大或时间不恰当，污染物未经土壤和农作物的自然净化就直接进入水体，同样会导致土壤、地表水和地下水污染[26]。

1.2.1.2 农业非点源污染对水环境的影响

综合来看，农业非点源污染对水环境的影响主要表现在以下几个方面。

1. 加速水体富营养化

富营养化是营养物质在水体内积累过多，从而造成水体从生产力水平较低的贫营养逐步向生产力水平较高的富营养过渡的一个自然演化过程[22]。20世纪中后期以来所谈及的富营养化指的是人为富营养化（artificial eutrophication），即由社会的城市化、工农业发展及其废弃物的排放等所引起的富营养化[28]。

水体富营养化过程的快慢与水体中所含营养物质和有机物质的原始水平、累积速率、气候条件及水体自身的水文条件等因素密切相关[29]，其中过量的氮、磷输入或水体中氮、磷的高负荷是导致湖泊、水库或海湾等封闭或半封闭型水体富营养化的重要原因[30]。研究发现，湖泊水体中营养物质氮、磷的来源主要包括内源和外源两部分，其中内源主要有底泥释放、水生生物分解等，外源主要有大气降水、降尘、土壤侵蚀及人为排放等，如图1.1所示。其中，外源输入是湖泊水体中营养物质最重要的产生途径，而广泛存在的

非点源氮、磷污染则是导致湖泊富营养化的主要原因之一[31-34]。

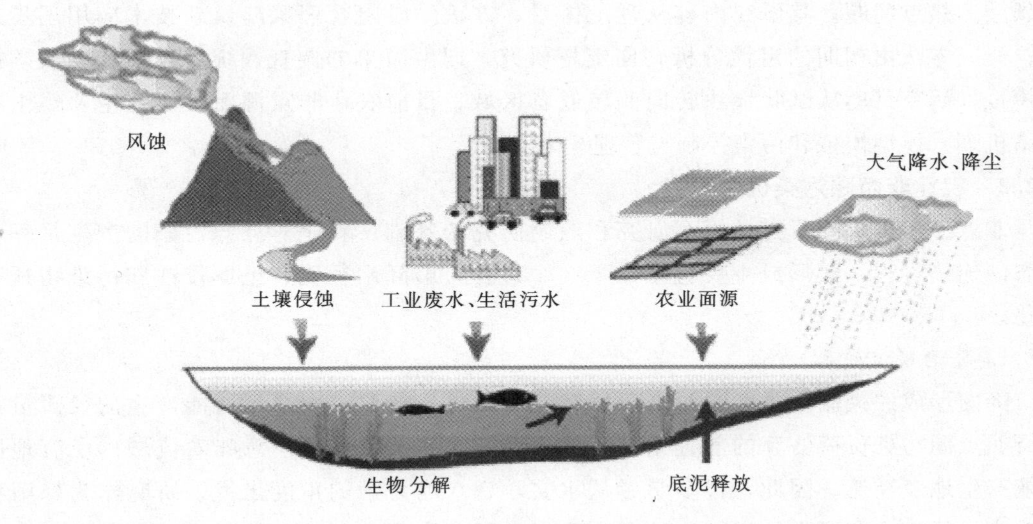

图 1.1 水体中营养元素氮、磷的主要来源（引自 IETC，2004）

2. 严重威胁地下水

由于农用化肥和农药中所含的氮、磷、钾及其化合物组成以及各种重金属元素的溶解度低、活动性差，因此容易在土壤及非饱和带中累积并成为地下水的潜在威胁[35,36]，而灌区农药的大量施用也使得其随地表径流迁移到地下水的危险增加[37]。此外，土壤中氮的淋失和下渗使得地下水中硝酸盐氮的含量严重超标，近 20 多年来，许多地区的地下水和地表水体都受到了不同程度的硝酸盐污染。硝酸盐在水体中容易转化成致癌物质亚硝胺的前体物质——亚硝酸盐，人体如果长期摄入极易引起高铁血红蛋白症，严重威胁人类健康[38,39]。据环保部门统计，我国大约 50％的地下水含水层已经遭受到不同程度的非点源污染，40％的水源已经不能作为饮用水源。

3. 淤积水体、降低水体的生态功能

由于水土流失，大量泥沙和污染物质随地表径流进入受纳水体，导致河床、湖泊和水库的水面抬高，降低了受纳水体的容纳量；同时，径流携带的大量泥沙、有机物和重金属等有毒有害物质，将会严重污染水体水质，破坏水生生物的生存环境[10]。在我国，由于水土流失导致湖泊面积缩小的例子不胜枚举，如我国东部平原地区的洞庭湖、洪湖、太湖和白洋淀等[40]。湖泊水面积和容积减少使得水体的防洪抗旱能力大大降低，同时改变了湖区周围的生态环境[26,41]。

4. 污染饮用水源、危害人体健康

农田中施用的化肥、农药及人畜粪便中所含有的有机物、无机养分及其他污染物经淋溶作用进入地下水体或经地表径流进入饮用水源区，可能会造成对饮用水源的污染，影响人体健康[25]。特别是水体中的亚硝基化合物，具有明显的致癌、致突变、致畸作用，尤其在维生素 C 之类的抑制剂缺乏时其危害更明显。

由于农业非点源污染发生的特殊性，对农业非点源污染的研究一直以来都是环境科学领域的热点问题。其研究内容从理论体系、方法手段向管理策略及新技术应用逐步扩展；研究方法由初期的定性分析转向定量研究，即由简单的调查、统计分析转向数学模型模拟；研究尺度从试验地块转向流域或者区域。目前农业非点源污染研究主要集中在污染机理、模型模拟和污染控制与管理3个方面。

1.2.2　农业非点源污染机理研究

非点源污染机理研究是模型研究和控制研究的基础。农业非点源污染的产生是一个动态的连续过程，其形成主要包括以下3个过程，即降雨径流、土壤侵蚀和污染物迁移转化。

1. 降雨径流过程

降雨形成的径流是非点源污染迁移转化的载体。获取一次暴雨所能产生的径流量是进行非点源污染负荷估算的前提条件。然而，一次暴雨事件并不意味着流域内所有地区都能产生地表径流。因此，很多学者从水文学、水动力学的角度出发，研究作为暴雨事件响应的径流动力形成的产汇流特征，重点是对其产流条件的空间差异性进行研究。其中，最为著名的是20世纪50年代美国水土保持局提出的SCS模型[42]，该模型综合考虑了流域降雨、下垫面条件（地形、土壤类型、土地利用方式、植被覆盖）、管理水平及土壤前期含水量对产流的影响，因此被广泛地应用于非点源污染的研究中[43]。其计算公式为

$$R=\frac{(P-0.2S)^2}{P+0.8S} \tag{1.1}$$

式中：R为径流量，mm；P为降雨量，mm；S为土壤最大滞蓄水量，mm，由下式计算，即

$$S=\frac{25400}{\mathrm{CN}}-254 \tag{1.2}$$

式中：CN为反映降雨前土壤特性的一个综合参数，称为曲线号码（curve number），它与土壤渗透性、土壤前期含水量（soil_AWC）和土地利用类型有关。实际应用时，可以根据土壤特性查询标准的CN值表，得到流域的平均CN值，进而由降雨量P计算产流量R。

自20世纪60年代初期以来，我国水文工作者也陆续提出了蓄满产流、超渗产流和综合产流的理论，并逐渐作为概念性模型的重要部分被应用于新安江模型的构建[44]及北京、西安等地区非点源污染负荷的估算[45-47]。目前，对降雨径流的研究较为成熟，常采用自然降雨定点监测、人工降雨模拟试验与数学模型相结合的方式进行降雨产汇流的研究[48-52]。

2. 土壤侵蚀过程

土壤侵蚀是农业非点源污染发生的主要形式。土壤侵蚀带走的泥沙本身也是非点源

污染的产物，而且泥沙所吸附的各种氮、磷营养物质也会给受纳水体带来种种不良影响，而人类生产活动可能会加重这种影响。

土壤侵蚀的研究历史悠久，取得的成果也较多，其中最著名的是美国在20世纪60年代通过大量试验研究提出的通用土壤流失方程（Universal Soil Loss Equation，USLE）[42,53]。该方程综合考虑了降雨、土壤可蚀性因子、坡长、坡度、作物轮作和管理措施六大因素对土壤侵蚀的影响。后来经过对USLE的不断完善和细化，又出现了修正的土壤流失方程（MUSLE）和改进的土壤流失方程（RUSLE）[54]。其中，RUSLE的方程式为

$$E=R\cdot K_S\cdot L_f\cdot S_f\cdot C_f\cdot P_f\cdot \mathrm{SSF} \tag{1.3}$$

式中：E为单位面积上的年均土壤侵蚀量，$t/(hm^2\cdot a)$；R为降雨-径流侵蚀模数，$MJ\cdot mm/(hm^2\cdot h\cdot a)$；$K_S$为土壤可蚀性因子，$t\cdot hm^2\cdot h/(MJ\cdot hm^2\cdot mm)$；$L_f$为坡长因子（无量纲）；$S_f$为坡度因子（无量纲）；$C_f$为作物管理因子（无量纲）；$P_f$为水土保持工程措施因子（无量纲）；SSF为坡形调节因子（无量纲）。

改进的通用土壤流失方程通常被纳入各种机理/半机理模型中作为其土壤侵蚀模拟的子模块，如AGNPS和SWAT模型运用MUSLE、AnnAGNPS模型运用RUSLE分别对土壤侵蚀过程进行模拟。截至目前，国际上对土壤侵蚀量的模拟应用最多、最广泛的仍然是USLE及其修正方程。

3. 污染物迁移转化过程

污染物迁移是指非点源污染物在外营力的作用下（降雨、灌溉等），从土壤圈向其他圈层（尤其是水圈）扩散的过程，主要包括氮、磷的地表流失及氮素的地下渗漏两个过程。其中，对氮、磷地表流失过程的研究主要集中在考虑不同降雨条件、农田耕作方式、下垫面特征对降雨径流氮磷流失的影响[48,52,55-57]。例如，王百群（1999）等[58]对氮流失过程的研究结果表明，产流初期径流中氮素浓度较高，随着地表径流量的增加并出现洪峰时，径流中氮素浓度上升至最高，后随径流的减少地表氮素浓度开始下降；Flanagan（1989）等[59]通过对不同雨强条件下氮磷流失过程的试验结果表明，地表径流中氮磷浓度最大值出现在径流开始后1h的径流高峰期。对氮素的地下渗漏过程的研究则主要集中在对硝态氮淋失量的估算，及分析影响氮素淋失的各种因素，包括降水量、土壤类型、施肥量、施肥技术及氮肥形态等的研究[60,61]。相对而言，土壤磷的流失主要以地表径流流失为主，并且主要造成对地表水的污染，其主要原因是磷素容易被土壤吸附和固定，因此土壤中磷的迁移主要集中在表土层，只有当因过量施磷使得土壤达到饱和后，才会发生磷的垂向迁移[62]。

目前，对非点源污染机理的研究多采用野外原位监测和人工模拟试验[52,63-65]。非点源污染研究的关键是获取必要的基础数据，包括研究区的自然地理背景（地形、土地植被覆盖、土壤）、降雨径流、农作物轮作、农药/化肥施用等。早期的研究工作中，几乎所有的数据资料的获得都依赖于野外原位监测。然而，由于非点源污染发生的间歇性、

随机性、突发性和不确定性等特点，使得基础资料的搜集工作劳动强度大、效率低、费用高，而且往往由于数据资料缺乏可靠性，从而影响了污染负荷的估算精度。尽管如此，野外原位监测在当前的非点源污染研究中仍然是不可或缺的，但大多数情况下仅作为一种辅助手段，用于对模型参数的率定和验证。人工模拟试验是指通过人为控制试验设备，模拟各种自然情况下的非点源污染过程，其优点是可以获取大量在野外工作中很难或无法获取的数据，从而解决了野外监测周期长、费用高等问题。

1.2.3 农业非点源污染模型研究

在开展非点源污染的量化研究及环境影响评价和污染治理时，最直接和最有效的方法就是建立数学模型，对不同类型非点源污染在水文循环过程中表现出来的时间和空间特征进行数值模拟，识别其主要来源和迁移途径，预报污染负荷量及其对水环境的影响，评价土地利用变化和不同管理措施对非点源污染负荷和水体水质的影响，为流域规划和管理提供决策依据[66,67]。因此，非点源污染数学模型研究一直是非点源污染研究的核心内容之一。

一般情况下，将模拟污染物负荷的组件叠加到水文模型上即构成了非点源污染模型的基本框架。而完整的非点源污染模型通常由4个子模块构成，即降雨径流子模块、侵蚀和泥沙输移子模块、污染物迁移转化过程子模块及受纳水体水质子模块[46]。其中，降雨径流子模块主要是解决流域的产汇流问题，即推求流量过程线和径流量，这是整个研究的基础，因为降雨径流过程是非点源污染形成的直接动力；侵蚀和泥沙输移子模块主要是研究流域的产沙和河流输沙问题，泥沙本身不仅是一种重要的非点源污染，而且它还能吸附或携带其他污染物，如氮、磷等；污染物转化过程子模块主要用于确定污染物在径流形成过程中的转化和输移过程，它几乎涉及化学的所有领域；而受纳水体水质子模块则主要研究非点源污染负荷对受纳水体水质的影响，这也是非点源污染研究的最终目的。

纵观非点源污染模型的发展，大致经历了以下4个阶段。

(1) 初期统计模型。20世纪初到50年代，对非点源污染的研究始于土地利用对河流、湖泊水质产生影响的认识，主要通过简单的统计分析或对长期平均负荷的粗略估计，建立污染负荷与流域土地利用或径流之间的相关关系[46]。该时期以美国农业局为首的研究机构开发了一些有关农业非点源污染方面的经验统计模型，包括SCS曲线代码和通用的土壤流失方程（USLE）。这类模型仅考虑研究系统的输入和输出过程，对数据的要求比较低，在特定地区具有较强的实用性和准确性，并且能够简便地计算出流域出口处的污染负荷，因而在早期得到了较为广泛的应用，但由于该模型难以描述污染物迁移转化的机理和过程，因此在进一步的应用过程中受到了极大的限制。

(2) 定量化机理模型。从20世纪70年代初期到中期，非点源污染研究主要取得了两个方面的重要进展：一是从简单的经验统计分析提高到复杂的机理研究；二是从长期平均负荷输出或单场暴雨分析上升到连续的长时间序列响应分析[68]。从模型结构上看，早期的机理性模型通常将整个研究区域作为一个集总系统（lumped system）来处理，对地

形、土壤等地理要素主要采用空间平均的方法进行处理，精度较低。后来发展起来的分布式参数模型（Distributed - Parameter Models，DPM）考虑了流域系统内各地理要素的非均一性和空间异质性，并将一个大区域离散为较小的子区域或地理单元，各子区域之间通过拓扑关系联系在一起，最后汇集到研究区的出口。因此，分布式模型比集总式模型更逼近水文过程的真实情况，物理基础更强。

本阶段出现了一系列非点源污染模型，如流域非点源污染模型、城市暴雨径流污染模型等。这类模型以揭示模拟过程的机理为目标，虽然经过了一些实测数据的检验并得到了初步应用，但对资料的要求很高，而且大多数模型只适用于特定的研究区域，因此限制了模型的推广和应用。

（3）实用型模型。20世纪70年代后期特别是80年代以来，随着对非点源污染过程研究的不断深入，非点源污染模型逐渐向实用化方向发展，其特点是与非点源污染控制措施密切联系，并注重环境的经济效益分析[68,69]。这一时期提出的代表性模型主要有流域非点源污染模拟模型（Areal Nonpoint Source Watershed Environment Response Simulation，ANSWERS）、农田尺度的水蚀预测模型（Water Erosion Pre - diction Project，WEPP）及用于农业非点源管理和政策制定的农业非点源污染模型（AGricultural Non - Point Source，AGNPS）等。

（4）大型专业模型。20世纪90年代以来，随着“3S”技术的迅猛发展，GIS与分布式参数模型的紧密集成逐渐成为发展的主流[70]。集成之后，分布式参数模型的空间数据输入速率、模拟输出显示和模型运行效率都得到了大大提高。但是，由于模型必须在GIS环境下运行，因此使得其应用范围受到了一定的限制。90年代后期又出现了一些功能强大的超大型流域模型，这些模型是集空间信息处理、数据库技术、数学计算、可视化表达等功能于一身的大型专业软件，其中比较著名的有Arnold等[71]开发的SWAT（Soil and Water Assessment Tool）模型、美国自然资源保护局和农业研究局联合开发的AnnAGNPS（Annualized AGricultural Non - Point Source）模型及美国国家环保局开发的BASINS（Better Assessment Science Integrating Point and Nonpoint Sources）模型[72]。与此同时，随着网格数据分析和空间分析功能的扩展，一些桌面式GIS软件与分布式参数模型SWAT、AnnAGNPS及BASINS进行了集成[73,74]，充分发挥了桌面系统强大的交互查询功能，并广泛应用于对研究区降雨-径流、土壤侵蚀、溶质迁移过程的连续模拟及对流域出口污染负荷量的估算。

出于研究需要，本书重点关注流域非点源污染模型。表1.1列出了几种常见的基于流域尺度的非点源污染模型的一些基本特征。

表1.1　几种常见的基于流域尺度的非点源污染模型基本特征

模型名称	开发时间	参数形式	时间尺度	模型结构
HSPF	1976年	集总式	连续或一次暴雨过程	斯坦福水文模型；侵蚀模型考虑雨滴溅蚀、径流冲刷和沉积；氮、磷和农药，复杂污染物平衡

续表

模型名称	开发时间	参数形式	时间尺度	模型结构
ANSWERS	1977年	分布式	开始为单次暴雨，后发展为长期连续	水文模型考虑降雨初损、入渗、坡面流和蒸发；侵蚀模型考虑溅蚀、冲蚀和沉积；早期的模型不考虑污染物的迁移，改进的模型中补充了氮、磷子模块
MIKE-SHI	1986年	分布式	长期连续	考虑土地系统所有的水文循环过程，可以模拟水量、泥沙输移和水质
AnnAGNPS	1987年	分布式	开始为单次暴雨，后发展为长期连续	SCS水文模型，改进的通用土壤流失方程；氮、磷负荷，不考虑复杂污染物平衡
LOAD	1996年	分布式	长期连续	产流系数法估算径流量；无侵蚀模型；统计模型计算BOD、总氮和总磷负荷
CNPS	1996年	分布式	长期连续	SCS水文模型，入渗、蒸发、融雪；改进的通用土壤流失方程；氮、磷负荷，简单污染物平衡
SWAT	1996年	集总式	长期连续	SCS水文模型，考虑入渗、蒸发、融雪；修正的通用土壤流失方程；氮、磷和农药，复杂污染物平衡

国内对非点源污染的研究起步较晚，始于20世纪80年代的湖泊富营养化调查，研究手段主要是野外试验和人工模拟试验[48,64,75]。对非点源污染负荷的估算方法主要有两个途径：一是直接立足于污染物在地表径流的迁移过程；二是立足于对受纳水体的水质分析，即通过对水体纳污量的分析计算，估算汇水区的污染物输出量[76-78]。90年代以后，我国在非点源污染方面的研究工作主要集中在利用经验公式或一些简单的模型与GIS进行松散结合，对水土流失、水体水质和地下水污染进行简单模拟，辅助决策或者通过综合分析对一些与地理因素密切相关的事件（如自然灾害等）进行评估。例如，吴礼福（1996）[79]以数字地形模型（DTM）上最小的沟谷单元为侵蚀的基本单元，建立了黄土高原的土壤侵蚀模型；马超飞等（2001）[80]依据USLE模型对岷江上游的土壤进行了侵蚀强度分级，分析了坡耕地和侵蚀强度之间的关系，对该地区的退耕还林还草提出了积极的建议；刘亚岚等（2001）[81]基于GIS平台，对洪涝灾害检测评估体系的关键技术进行了研究；王晓燕等（2003）[82]采用平均浓度法估算了密云水库的非点源污染负荷量，并利用GIS技术构建了流域的非点源污染负荷模型；张超（2008）[83]基于DEM数据，结合GIS、数据库和并行计算等多种技术，开发了基于Visual C＋＋环境的综合计算平台DWHEMT（Distributed Watershed Hydrology and Environment Modeling Tool），并将其应用到香溪河流域的非点源污染研究中，取得了不错的模拟效果。

从我国非点源污染的研究历程可以看出，限于基础数据缺乏和技术手段薄弱，研究方法多局限于对野外实测数据进行统计相关分析或利用经验公式进行简单估算，对模型的二次开发研究较少涉及。此外，对非点源污染的研究工作基本上参考国外经验，在实地监测降雨径流水量、水质的基础上，应用国外成熟的模型进行非点源污染负荷的模拟计算。尽管我国很多学者在非点源模型的应用研究方面已经有了许多成功的例子，但从流域尺度上运用分布式水文模型进行非点源污染模拟的研究尚处于探索阶段，而且在我国也缺乏既具有普遍实用性又易于操作的成熟模型，因此，我国非点源污染模型的研究工作还需要进一步深入。未来我国非点源污染模型的研究应重点关注以下几个方面[84-85]。

(1) 将现有模型应用于实际的研究。非点源污染模型研究的最终目的是为非点源污染的控制和治理提供依据和技术支持，因此，应将现有的研究成果从研究性向实用性转化，充分利用GIS技术，建立非点源污染的信息系统和专家系统，快速实现非点源污染信息查询、负荷计算、重点污染区域和重点污染物的识别、原因分析及治理对策确定等功能。

(2) "3S" 技术与模型的集成研究。随着"3S" 技术的发展和应用，将"3S" 技术与非点源污染预测模型进行集成是今后该研究领域的热点之一，特别是考虑流域尺度上的土地利用、植被覆盖、土壤类型、农业管理制度等的空间变异性对非点源氮、磷污染物迁移转化的综合效果评价，以及利用遥感影像技术提取水土环境数字化信息以提高基础数据的精度等。

(3) 模型的不确定性分析。不确定性分析是最近几年在数学模型研究中一个十分活跃的领域，已经形成了比较完善的方法体系[86]。由于非点源污染过程的复杂性，导致非点源污染模型具有很大的不确定性。Sohrabi 等 (2002)[87] 指出，水质模型应用于环境管理的无能主要表现在预测的不确定性上。因此，不确定性分析也是近期我国非点源污染模型研究的主要内容之一。

(4) 平原河网地区的非点源污染模型研究。对平原河网地区水文过程的模拟一直是国内研究的重要课题。例如，我国长江中下游平原地区，河道纵横交错、河网密布、地势平坦、河流水文和水动力特征十分复杂，再加上人类活动历史悠久、经济活动强度较大，导致区域水环境非点源氮、磷污染问题十分突出，因此对该地区非点源污染模型的研究具有极为重要的现实意义。最近几年，我国很多学者在长江中下游平原河网地区开展了一些有益的研究工作，如田平 (2006)[88] 基于 GIS 平台，结合修正的 SCS 模型和 USLE 土壤流失方程对杭嘉湖平原地区的农田氮、磷污染进行了数值模拟；王鹏 (2006)[89] 结合野外监测和人工模拟试验对环太湖丘陵地区不同土地利用条件下的氮、磷流失机理进行了系统分析；桂峰 (2006)[90]、赖格英 (2006)[91]、于革 (2007)[92]、黄智华 (2008)[93] 等应用分布式水文模型 SWAT 对长江中下游平原湖泊——洪湖、太湖和固城湖的非点源氮磷入湖通量进行了定量估算。总体而言，这方面的研究工作虽然取得了一定成果，但仍显薄弱，有待于进一步深入。

(5) 多学科联合，扩展模拟范围，完善模型功能。非点源污染是一个复杂的综合过程，从发生、发展到对环境造成影响，涉及水文、气象、环境、生态等多个领域。现有的非点源污染模型仅仅是对非点源污染的负荷量及其时空分布的简单估算，而非点源污染研究的最终目的是掌握和控制非点源污染对水生生态甚至整个生态系统造成的影响和危害。因此，只有通过多学科联合才能更加细致地掌握非点源污染的迁移和转化规律，并最终实现对非点源污染的控制和管理。

1.2.4 农业非点源污染控制与管理

对非点源污染控制的技术措施，以美国国家环保局提出的最佳管理措施（Best Management Practices，BMPs）[94]最具代表性。BMPs是针对不同地区土地利用、土壤类型、气候等自然条件的多样化综合管理措施，只有原则没有具体量化指导指标。USEPA把BMPs定义为“任何能够减少或预防水资源污染的方法、措施或操作程序，包括工程、非工程措施的操作和维护程序”[95]。理论上说，对农业非点源污染的控制包括两个部分：一是对污染扩散源的控制，即控制农业非点源污染的发生和污染物的排放总量；二是减少污染物向受纳水体的运移。减少污染物向受纳水体的运移比源头控制难，可以通过修建构筑物（如集水建筑物、水处理设施等）实现[96]。一般情况下，对污染源的控制可以采取下面的农田控制措施[97]。

（1）合适的农田管理方式。Henderson[98]认为，控制农业非点源污染最有效和最经济的方法是选择合适的农田管理方式，如少耕、免耕、喷灌、滴灌、农作物间作套种以及控制农药化肥的施用量、施用时间和方式。

（2）坡耕地治理。采用横坡耕作，通过改变耕种方向对地表径流层层拦截，增加入流，可以有效地防止水土流失[99]。

（3）节水灌溉。根据作物不同生长期的需水量确定用水量不仅可以提高水的利用率，而且还可以减少灌溉回归水的量。

（4）建造植被缓冲带。建造植被缓冲带，或在农田与水体之间增加湿地面积、或在坡耕地等高线种植植物、篱笆，可有效控制坡耕地和平原农田非点源污染的形成[99]。植被缓冲带，一方面对地表径流起到阻滞作用，调节入河洪峰流量；另一方面有效地减少地表和地下径流中固体颗粒的养分含量。植被缓冲带在保护水质方面有较高的经济价值，合理设计的植被缓冲带将有利于对非点源污染的控制。在受纳水体的岸边按照不同的功能种植不同的植物带，可以减少农田土壤的流失，增加地表径流的入渗，净化农田径流中的污染物，稳定堤岸，而且可以促进生物多样性。目前这种岸边植物群落缓冲带被认为是减少农田非点源污染物的最佳管理措施，而且对改善生物栖息地和种群具有很好的效果。美国爱荷华州的试验表明，植物带具有较好的环境效益和经济效益[100,101]。

（5）构建人工湿地。人工湿地作为一种控制水环境非点源污染的有效工具，已被世界上很多国家所认可。人工湿地不仅具有蓄洪、削减洪峰流量和流速、减少冲蚀等作用，而且可以强化沉淀和改变污染物物理化学状态。人工湿地具有独特而复杂的净化机理，能够利用土壤—微生物—植物这个复合生态系统的物理、化学和生物的三重协调作用，通过过滤、吸附、沉淀、离子交换、植物吸收和微生物分解来实现对污水的高效净化。同时，通过营养物质和水分的生物地球化学循环，促进绿色植物生长，实现污水的资源化和无害化。实践表明，在多水塘地区设置适当的湿地面积可以有效地截留来自农田地表径流和地下径流中的非点源污染物，降低非点源污染的危险。

我国农业人口密集，环境保护与经济发展的矛盾突出，农业非点源污染的发生与当地农村对经济利益的不断追求息息相关。因此，对农业非点源污染实施控制措施时不能只注重环境效益，而是应该将非点源污染控制与经济投入结合起来，构建出既能有效控制农业非点源污染，又使经济投入最小化的最佳管理方案[102]。此外，从立法角度建立合适的污染排放权交易法等政策措施也是值得推崇的[103]。

1.3 主要研究内容

本书研究内容主要包括以下 4 个方面。

（1）水库蓄水后香溪河支流及库湾回水区地表水环境特征分析（第 3 章）。利用香溪河支流及库湾回水区 2009 年 9 月至 2010 年 8 月连续一年的地表水质监测数据，分析和评价三峡水库蓄水后研究区地表水氮、磷浓度变化及其对湖泊富营养化的影响。

（2）研究区地表径流氮、磷流失机理研究（第 4 章）。基于径流小区原位监测试验和氮、磷水质指标分析，阐述次降雨条件下农田尺度地表径流氮、磷的流失特征及不同土地利用类型对氮、磷流失的影响，为下一步的模型模拟工作提供必要的试验数据。

（3）基于 ArcSWAT 模型的香溪河流域农业非点源污染分布式模拟（第 5 章）。利用 GIS 技术构建研究区的农业非点源污染模型，通过敏感性分析和参数率定对模型的有效性进行验证，并在此基础上对全流域的农业非点源污染进行分布式模拟，辨析研究区农业非点源污染物氮、磷的时空分布特征，识别土壤流失的关键源区，定量估算香溪河流域对三峡水库氮、磷污染负荷的贡献量。

（4）农业非点源污染管理措施情景模拟与建议（第 6 章）。应用模型的预报分析功能，分别对两种农业管理措施（控制化肥施用量、退耕还林）的控污效果进行模拟计算，并在此基础上提出适合该研究区域的农业非点源污染最佳管理措施的一些建议，为三峡库区农业非点源污染管理策略的拟定提供技术支撑。

1.4 技术路线

本书基于径流小区原位监测试验对研究区农田尺度地表径流氮、磷流失机理进行研究，利用 GIS 技术与非点源污染模型 SWAT 相结合对流域尺度的农业非点源污染负荷氮、磷的入库通量进行定量估算，识别了氮、磷污染负荷的空间分布特征及土壤流失的关键源区，并针对研究区域的非点源污染特点，应用模型的预报分析功能设置了农业管理措施情景模拟，最后提出了该研究区域农业非点源污染管理措施的几点建议。

研究的技术路线框架如图 1.2 所示。

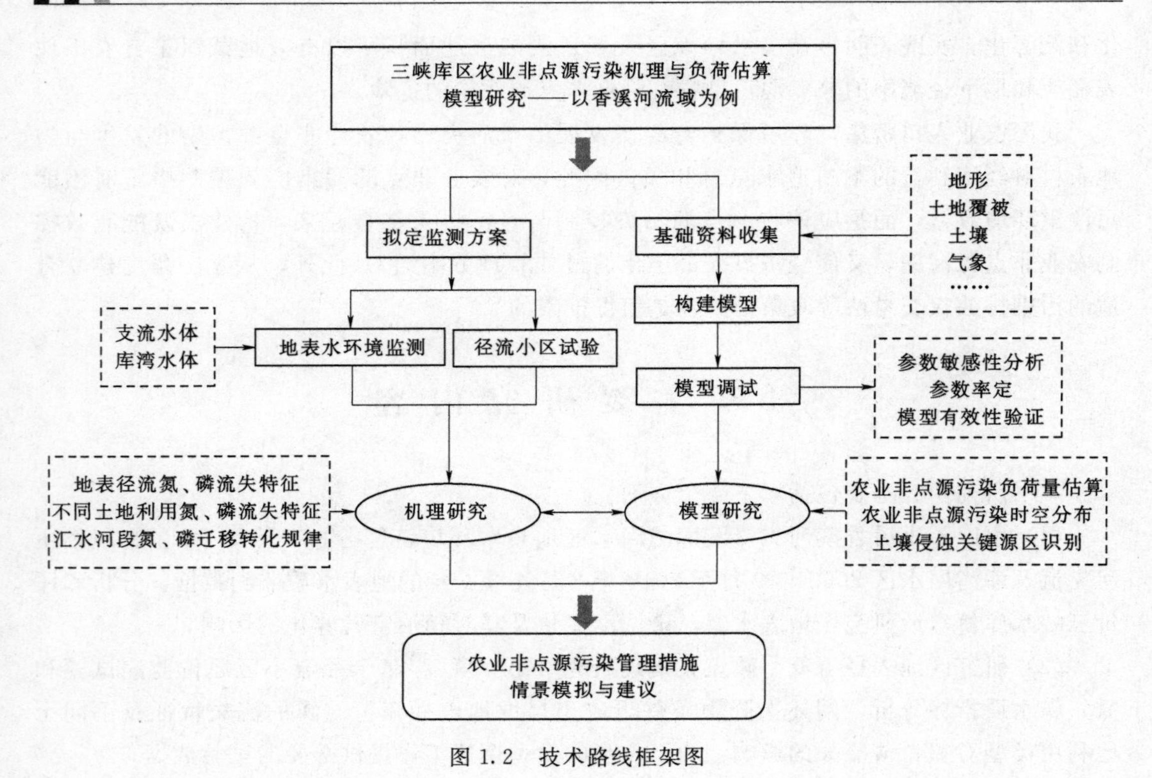
三峡库区农业非点源污染机理与负荷估算
模型研究——以香溪河流域为例
拟定监测方案
基础资料收集
地形
土地覆被
土壤
气象
……
构建模型
支流水体
库湾水体
地表水环境监测
径流小区试验
模型调试
参数敏感性分析
参数率定
模型有效性验证
地表径流氮、磷流失特征
不同土地利用氮、磷流失特征
汇水河段氮、磷迁移转化规律
机理研究
模型研究
农业非点源污染负荷量估算
农业非点源污染时空分布
土壤侵蚀关键源区识别
农业非点源污染管理措施
情景模拟与建议

图 1.2　技术路线框架图

第 2 章 研究区域概况

香溪河流域位于湖北省西部，地跨北纬 30°38′～31°34′、东经 110°25′～111°00′之间。香溪河水系是兴山县最大的一条水系，发源于神农架林区，有东、西两大源流，其中东河发源于神农架林区骡马店，经林区新华乡东流汇兴山观音河后称古夫河，在兴山县境内长约 41km；西河源于神农架山南的红河，东流至三堆河进入兴山县境内称南阳河，在兴山县境内长约 37km。两河在高阳镇西 2.5km 处的响滩合流后始称香溪河，而后由北向南流 14km 在峡口镇汇高岚河水流至游家河，最终经秭归县香溪镇至西陵峡东注入长江（图 2.1）[57,104]。香溪河干流（河口至响滩）长约 36km，与源头高差接近 3000m。

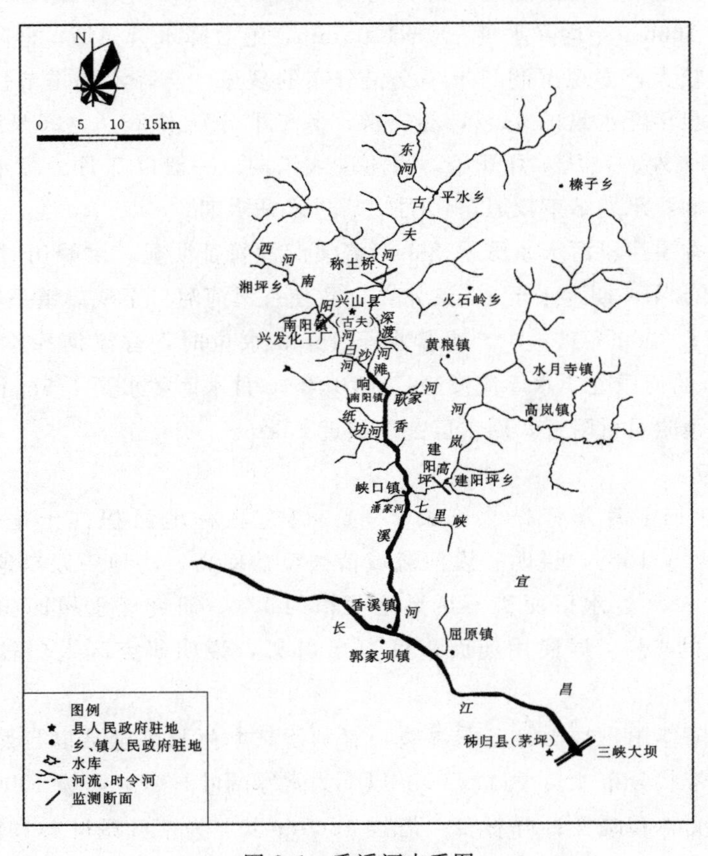

图 2.1 香溪河水系图

2.1 自然地理背景

2.1.1 地形地貌

兴山县属构造地貌。根据湖北省地理资料，兴山县可分为3个地貌单元：海拔800m以下为低山，800～1200m为中山，1200m以上为高山[105]。其中，低山区由香溪河控制最低部位，大部分地表为紫色砂页岩、泥质岩和页岩，经过河流的切割侵蚀，两岸山坡陡急，但局部也有河谷小盆地，如建阳坪、高阳镇等，该区水土流失严重，地表破碎，土壤发育“年幼”，山区位于兴山县东北和西北部，面积超过2000亩，占总面积近60%，地表由元古界灰岩、泥质岩及震旦系的变质岩构成。

2.1.2 气象水文

兴山县属亚热带大陆性季风气候，春季冷暖交替多变、雨水颇丰，夏季炎热多伏旱、雨量集中，秋季多阴雨，冬季多雨雪、旱霜。流域范围内山峦起伏，气候垂直变化明显，小气候特征十分显著。海拔较低的地区，夏长冬短，夏季炎热、冬季温暖，无霜期272d左右；海拔较高的地区，气候温暖，雨量充沛，无霜期215d；高山地区，冬长夏短，冬季严寒，无霜期163d。年均降水量900～1200mm，绝对降水量充沛，但降水量年际变化和季节分布差异较大，出现湿润与干旱交错分布的现象。从降水的季节性分布来看：夏季雨水丰沛，占全年降水量的41%，春、秋、冬三季分别占28%、26%和5%；汛期降水量占全年的68%左右，从4月开始，河流进入汛期，一般以7月为降水高峰期，由于受连绵秋雨的影响，汛期结束较迟，10月以后进入枯水期。

蓄水前整个香溪河段河水暴涨暴落，河流溪涧性特征明显，洪峰历时一般为2～3d。2003年6月三峡水库一期蓄水至135m水位，致使香溪河河口至峡口镇平邑口约24km长的河段形成库湾；2006年10月二期蓄水至156m水位时，香溪河库湾回水区范围达32.3km，近1/3的河段处于水库淹没区；2010年10月水库蓄水至175m设计水位时，香溪河壅水至古夫镇昭君桥附近，回水区范围接近40km。

2.1.3 土地覆被

根据2000年的卫片解译结果（表2.1），研究区林地面积占土地利用总面积的87.03%，草地占5.19%，说明香溪河流域植被覆盖率高。耕地中以旱地为主，占土地利用总面积的5.68%，水田面积不足旱地面积的1/3。研究区水域面积较少，尚不足土地利用总面积的3%。居民用地面积仅为0.05%，说明研究区人口较少，城市化程度较低。

由于山岭屏障作用，兴山县冬季温暖，有利于林木生长。全县以自然植被为主，并按照不同海拔呈带状分布[105]：海拔500m以下为常绿阔叶林带，海拔1500～1300m为常绿阔叶、落叶混交林和暖性针叶林带，海拔1300m以上为落叶阔叶林和温性针叶林带。全县经济林范围广泛，项目繁多，价值较大的品种有柑橘、油桐、茶叶、核桃、板栗等。

表 2.1　　香溪河流域土地利用组成

土地利用类型		土地利用含义	所占面积/km^2	占总面积比例/%
耕地	水田	有水源保证和灌溉措施，在一般年景能正常灌溉，包括实行水旱农作物轮作的耕地	56.98	1.78
	旱地	无灌溉水源及设施，靠天然降水生长作物的耕地；以种菜为主的耕地；正常轮作的休耕地	181.31	5.68
林地	有林地	郁闭度大于30%的天然林和人工林，包括材林、经济林和防护林等成片林地	1552.15	48.59
	灌木林	指高度在2m以下的矮林地和灌丛林地	639.63	20.02
	疏林地	郁闭度为10%～30%的稀疏林地	572.88	17.93
	其他林地	未成林造林地、果园、苗圃等	15.53	0.49
草地	高覆盖度草地	覆盖度50%的天然草地、改良草地和割草地，此类草地水分条件较好，草地生长茂密	87.13	2.73
	中覆盖度草地	覆盖度在20%～50%的天然草地和改良草地，此类草地一般水分不足，草被较稀疏	77.00	2.41
	低覆盖度草地	覆盖度在5%～20%的天然草地，此类草地水分缺乏，草被稀疏，牧业利用条件差	1.69	0.05
水域	河渠	天然形成或人工开挖的河流及主干渠常年水位以下的土地，人工渠包括堤岸	5.37	0.17
	水库坑塘	人工修建的蓄水区常年水位以下的土地	0.18	0.01
	滩地	河湖水域平水期水位与洪水区之间土地	2.95	0.09
居民用地	城镇用地	城建区用地	0.68	0.02
	农村居民点用地	镇以下的居民点用地	0.81	0.03

草本植物主要分布在高山和中山区，主要品种有茅草、荻草、狗尾草、蕨类等。本区内山峰复峦，山脊较多，森林覆盖度高，是兴山县的林业生产基地，耕地一年一熟，以玉米为主。

2.1.4　土壤构成

香溪河流域的土壤类型包括石灰（岩）土、紫色土、水稻土、黄壤、黄棕壤、棕壤和暗棕壤共7类15个亚类（表2.2），其中石灰土和黄棕壤的覆盖面积分别占流域总面积的41.49%和36.84%，是本区的主要土壤类型；其次是棕壤、紫色土、黄壤和暗棕壤，所占面积比例分别为8.43%、5.5%、4.53%和2.96%；水稻土最少，仅占流域总面积的0.25%。

表 2.2　　香溪河流域土壤构成

土纲	土类	亚类	所占面积/km²	占总面积的比例/%
初育土	石灰（岩）土	黑色石灰土	10.021	0.313
		棕色石灰土	1316.881	41.181
	紫色土	酸性紫色土	97.238	3.041
		中性紫色土	70.219	2.196
		石灰性紫色土	7.866	0.246
人为土	水稻土	水稻土	0.079	0.002
		潴育水稻土	8.055	0.252
铁铝土	黄壤	黄壤	44.316	1.386
		黄壤性土	100.686	3.149
淋溶土	黄棕壤	暗黄棕壤	933.483	29.192
		灰泥质暗黄棕壤	19.417	0.607
		黄棕壤性土	225.283	7.045
	棕壤	棕壤	190.807	5.967
		棕壤性土	78.837	2.465
	暗棕壤	暗棕壤	94.579	2.958

2.2 社会经济发展

研究区所辖兴山县包括古夫、南阳、黄粮、高阳、峡口、水月寺 6 个镇及高桥和榛子两个乡。2009 年全县实现生产总值 36.97 亿元，比上年增长 15.85%；年末总人口 181151 人，比上年增加 174 人。图 2.2 所示为兴山县 2001—2009 年人口及生产总值变化情况。从图中可以看出，最近几年兴山县经济发展迅速，2009 年生产总值与 2001 年相比增加了 2 倍多；人口基本呈现下降趋势，但波动不大，8 年来共减少 6387 人，平均每年减少约 800 人。

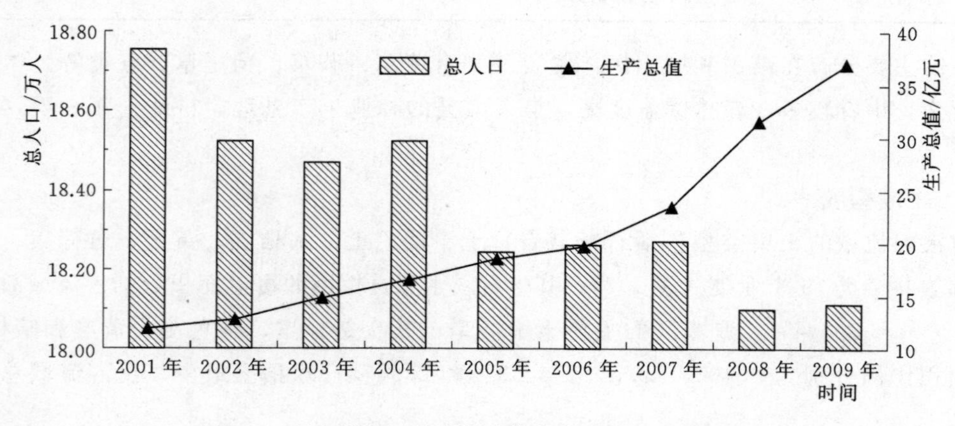

图 2.2　兴山县人口及生产总值变化（2001—2009 年）

香溪河流域内地质矿产资源丰富，目前已发现49种矿产资源，包括煤炭、磷矿、硫铁矿、银矾矿和花岗石等优势资源。其中，煤炭储量超过1591.2万t，大多沿香溪河岸分布；磷矿储量3.57亿t，储量大，品质好，其中矿石品位25%以上的5400万t，是我国三大富磷矿区之一。目前，香溪河流域内以磷化工为主的工矿企业分布广泛，其中神农架林区境内有马鹿场磷矿、郑家河磷矿、莲花磷矿和连连坪磷矿等4处矿场，兴山县境内有兴发化工集团有限公司、宜昌裕鑫磨料矿产有限责任公司和宜昌兴华天然磨料工业公司。

2.3 农业非点源污染主要来源

2.3.1 水土流失

水土流失是自然和人为因素综合作用的结果。水土流失与农业非点源污染是密不可分的，水土流失导致泥沙和土壤表层富集的氮磷营养物质随地表径流进入水体，污染水质。兴山县境内山峦叠起、沟壑纵横、土壤松弛，每逢暴雨，必导致水土流失。自20世纪90年代以来，随着地方经济的发展，坡地果园大量开发，水土保持措施不足，以及森林砍伐、矿山开采、公路铁站建设等工程的实施，更加剧了森林植被的破坏及水土流失的发生。根据兴山县土地局的遥感调查结果，2007年兴山县全县水土流失面积918.45km^2，占土地总面积的39.5%，其中，中度流失面积472.70km^2，占51.47%，强度流失面积228.66km^2，占24.90%。土壤侵蚀量577.92万t，平均土壤侵蚀模数2483t/(km^2·a)，属中度侵蚀。

2.3.2 农业化肥施用

兴山县主要以发展柑橘、茶树等经济林种植为主，耕地面积少但集约化程度高，由于用肥结构不合理、施肥方法不科学，使得化肥中过剩的营养物质随农田排水或地表径流进入香溪河，造成库湾水体营养盐不断累积，在合适的温度和光照条件下，易诱发水体富营养化。因此，过量的农业化肥施用导致的农业非点源污染在水体富营养化中扮演了重要的角色。

2.3.3 农村生活污水及畜禽养殖业污染物排放

根据《兴山县统计年鉴》记载，2008年末兴山县农业人口数达19972人（占全县人口总数的11%），农村生活污水排放总量约3.36万t，其中总氮排放量1.3t，总磷排放量0.16t，COD排放量54.56t。规模化养殖业污水排放总量3885.71t，其中污染物总氮排放量15.74t，总磷排放量2.15t，COD排放量157.75t。由此可见，香溪河沿岸集镇的农村生活污水排放和畜禽养殖业污染物排放也是香溪河流域非点源污染的两个重要来源，尤其是农村生活污水和畜禽养殖业污染物中难溶的有机物含量对水体造成的污染影响更大。

2.4 土壤本底营养盐含量

兴山县境内山陡坡急、土壤松弛且夏季多暴雨，再加上兴山县磷矿产资源丰富，因此表层土壤中富集的营养物质极易受水土冲刷作用而大量流失，这也是造成该地区地表水体中磷营养盐含量偏高的一个重要原因。为全面了解香溪河流域土壤本底中氮磷营养盐含量，笔者自 2009 年 4 月开始对研究区的主要土种类型进行了多次采样分析，并与中国科学院南京土壤所的研究成果进行比对，最终形成了兴山县表层土壤（0～10cm）总氮和总磷的空间分布图，如图 2.3 和图 2.4 所示。

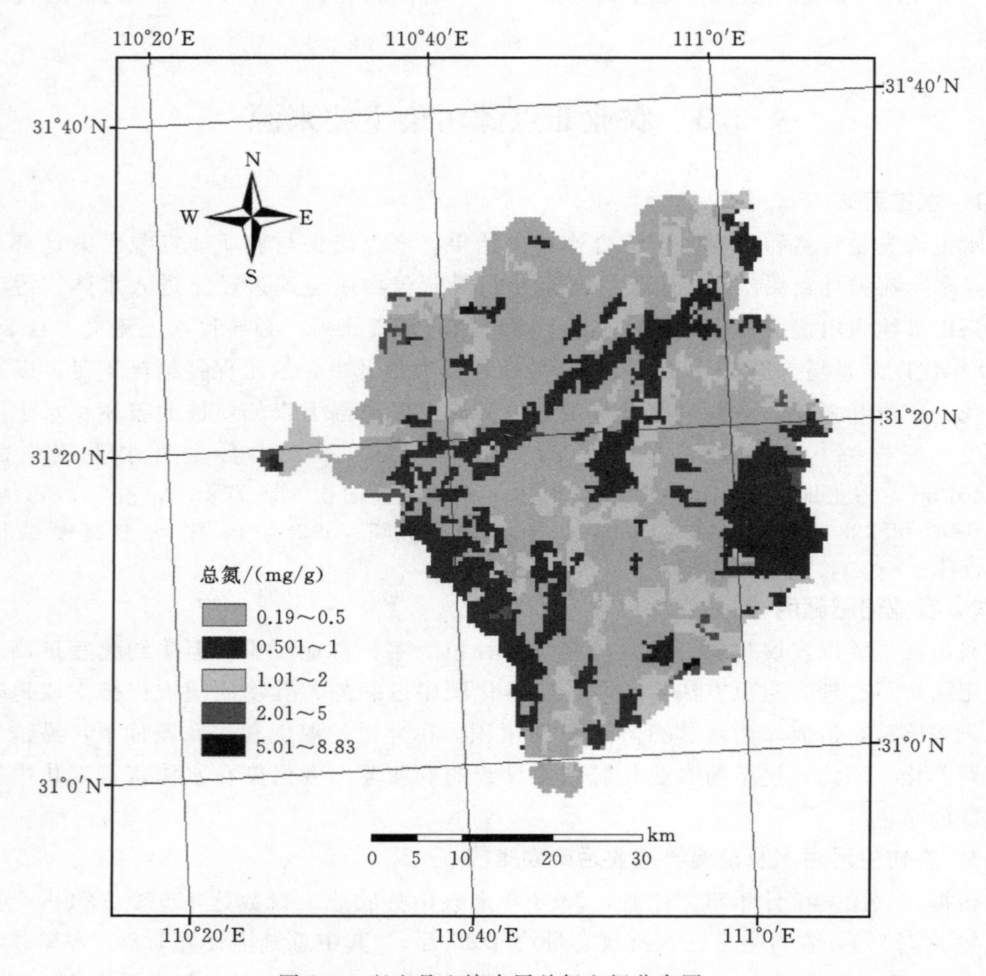

图 2.3　兴山县土壤表层总氮空间分布图

图 2.3 显示，兴山县土壤本底中总氮含量介于 0.19～8.83mg/g 之间，其中低于 0.5mg/g 的土壤覆盖面积超过 50%，低于 1mg/g 的超过 80%，说明兴山县土壤氮含量普遍较低，但区域性差异明显，河道沿岸总氮含量较高，介于 1～2mg/g 之间。从图 2.4 中可以看出，兴山县土壤本底中总磷含量介于 0.07～2.93mg/g 之间，其中低于 1mg/g 和高于 1mg/g 的土壤覆盖面积基本各占一半，说明该地区土壤本底中磷含量偏高，但区域性差异不大。

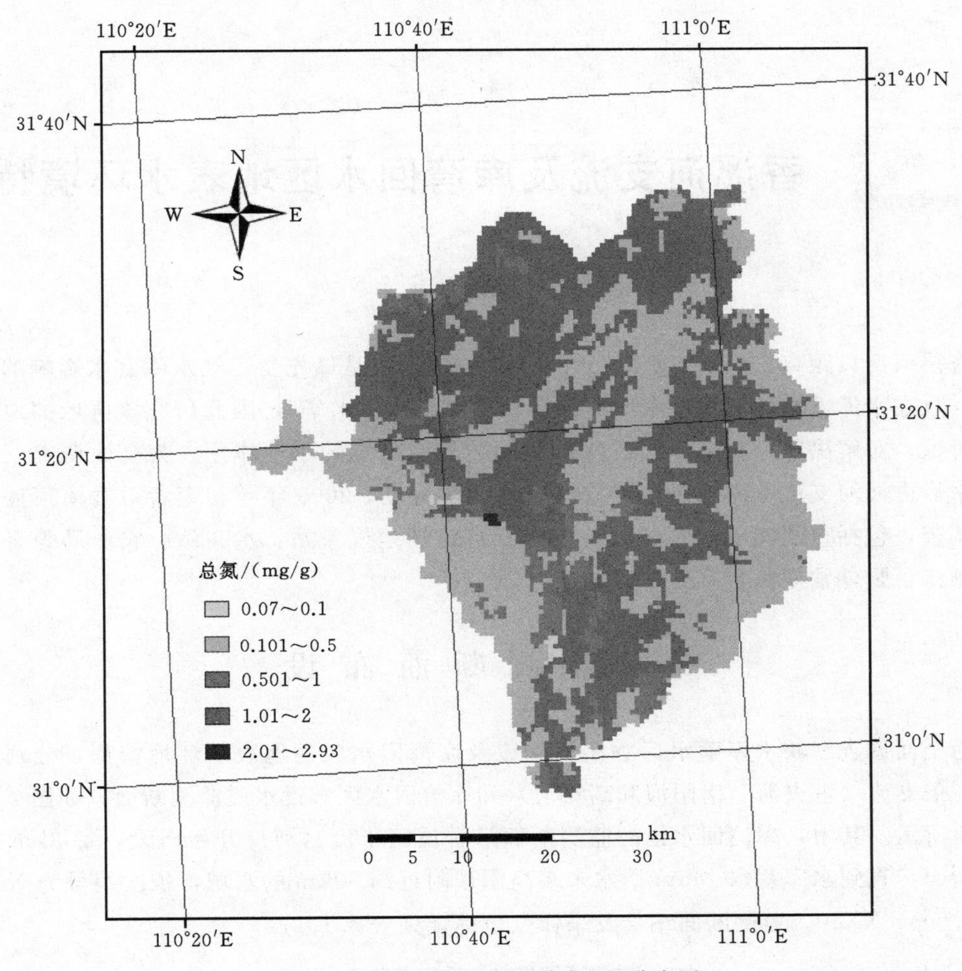

图 2.4　兴山县土壤表层总磷空间分布图

2.5 本 章 小 结

本章简单介绍了香溪河流域的自然地理背景（包括地形地貌、土地利用、土壤植被、水文气象）和社会经济（人口、GDP 等）发展概况，并根据统计数据大致判识了研究区农业非点源氮磷污染的主要来源是水土流失和农业化肥施用，而畜禽养殖和农村生活污水排放对水体有机物的影响更大。此外，基于野外调研和实验室分析，基本掌握了研究区土壤本底氮磷营养盐含量的空间分布特征，即：兴山县土壤本底中氮含量普遍较低，但区域性差异明显；磷含量区域性差异不大，但普遍偏高。

第3章 香溪河支流及库湾回水区地表水环境特征

香溪河河口距离三峡水库坝址三斗坪不足40km，是最先受三峡水库蓄水影响的流域之一，且在水库蓄水初期和蓄水期间都暴发了大面积“水华”，因此研究该区域的地表水环境特征，对解决整个三峡库区的水环境问题具有一定的示范作用。为全面调查三峡水库蓄水后香溪河支流及库湾回水区的地表水环境特征，2009年年初笔者对香溪河展开了全面调查，包括查阅文献资料、野外调研及走访当地气象站、水文站、农业局等有关部门，制订了野外常规试验监测方案。

3.1 监测断面布设

为全面调查三峡水库蓄水后香溪河支流及库湾回水区的地表水环境特征，分别在香溪河3条支流（古夫河、南阳河和高岚河）和库湾回水区布设水质监测断面，如图2.1和图3.1所示。其中，库湾回水区的监测断面沿香溪河干流自河口开始布设，每3km布设一个断面，直到水库蓄水145m回水末端高阳镇附近约30km的水域，依次编号为XX00、XX01、…、XX10。监测断面编号及采样点坐标详见表3.1。

表3.1 监测断面编号及采样点坐标

断面名称		断面编号	采样点坐标
支流	古夫河	GFYT	110°47′48″E，30°56′57″N
	南阳河	NYYT	110°45′45″E，31°16′03″N
	高岚河	GLYT	110°50′11″E，31°07′45″N
库湾	香溪河	XX00	110°45′45.4″E，30°57′58.5″N
		XX01	110°45′42.3″E，30°59′34.6″N
		XX02	110°45′5.7″E，31°01′11.4″N
		XX03	110°45′5.7″E，31°03′24.8″N
		XX04	110°46′6.5″E，31°04′57.9″N
		XX05	110°46′46″E，31°06′59.5″N
		XX06	110°46′42.4″E，31°08′0.7″N
		XX07	110°46′6.9″E，31°09′20.1″N
		XX08	110°45′32.1″E，31°10′21.3″N
		XX09	110°45′9.5″E，31°11′55.5″N
		XX10	110°45′28.2″E，31°13′37.1″N

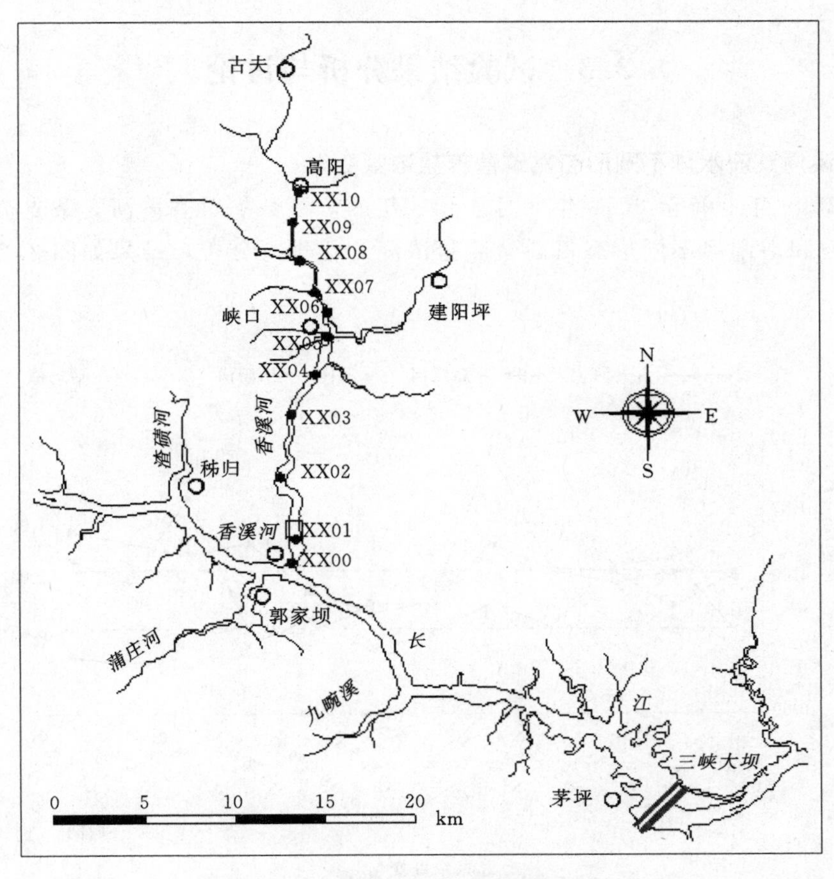

图 3.1 香溪河库湾监测断面布设

3.2 样品采集与测定方法

一般情况下，所有监测断面的水样采集频率均为 1 次/周，采集的水样储存于 350mL 的聚乙烯瓶中（采样瓶现场用水样清洗），现场加硫酸调至 pH 值小于 2 保存，并在 24h 内带回实验室进行分析。测定指标主要包括总氮（TN）、硝酸盐氮（NO_3-N）、氨氮（NH_4-N）、总磷（TP）和正磷酸盐（PO_4-P）。其中，总氮测定方法为：经碱性过硫酸钾消解后，利用紫外分光光度法测定（波长 220/275nm）；总磷测定方法为：经硫酸钾氧化氯化亚锡消解后，利用紫外分光光度法测定（波长 700nm）；硝酸盐氮测定方法为：用盐酸—氨基磺酸比色法测定（波长 220/275nm）；氨氮测定方法为：用纳氏比色法测定（波长 420nm）；正磷酸盐测定方法为：用钼酸盐—氯化亚锡比色法测定（波长 700nm）。具体测定方法和步骤详见《水和废水监测分析方法》（第四版）（中国环境科学出版社，2002 年）和《湖泊生态调查观测与分析》（中国标准出版社，2000 年），本书不再赘述。

3.3　试验结果分析与讨论

3.3.1　香溪河支流水体不同形态氮磷营养盐浓度变化

选择 2009 年 9 月至 2010 年 8 月连续一年的监测数据对香溪河 3 条支流——古夫河、高岚河和南阳河不同形态氮磷营养盐浓度变化进行分析，结果如图 3.2 和图 3.3 所示。

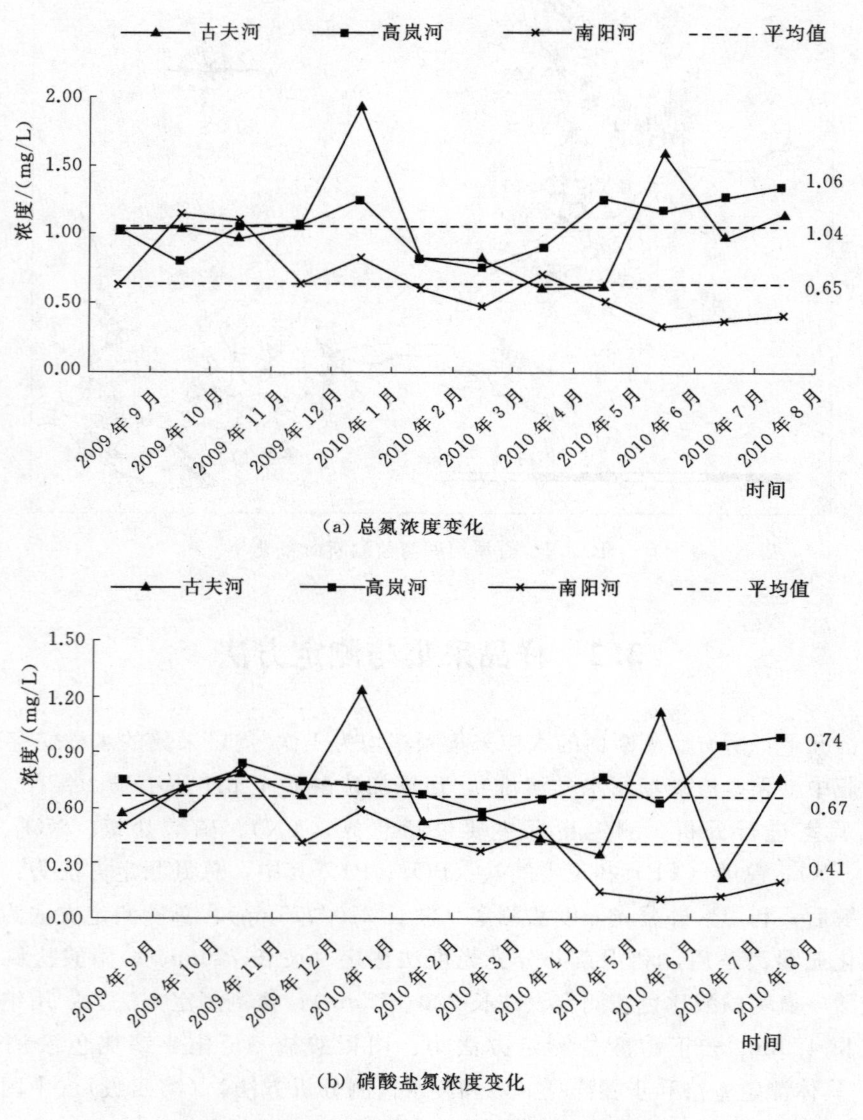

(a) 总氮浓度变化

(b) 硝酸盐氮浓度变化

图 3.2（一）　香溪河 3 条支流氮浓度月变化

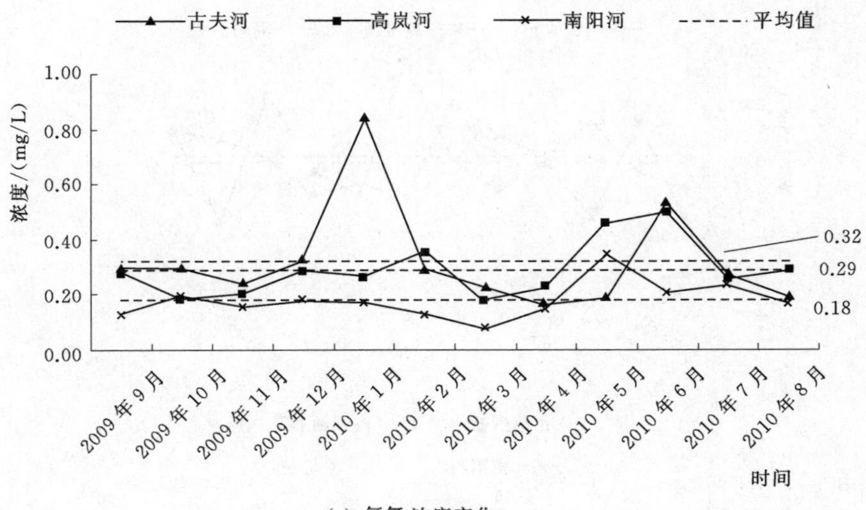

(c) 氨氮 浓度变化

图 3.2（二） 香溪河 3 条支流氮浓度月变化

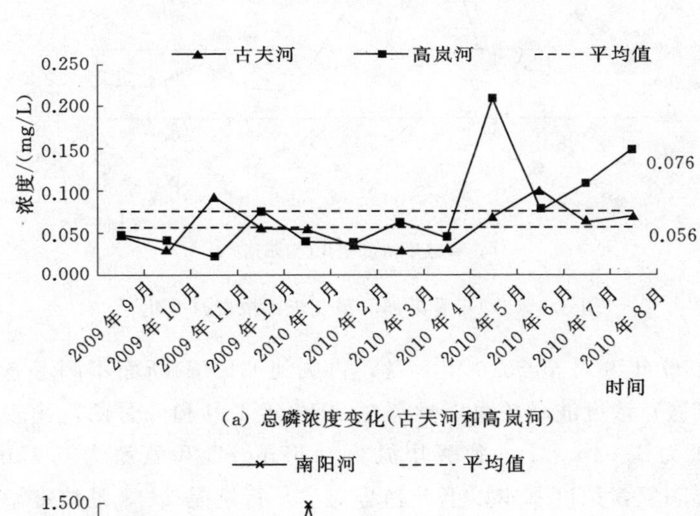

(a) 总磷浓度变化(古夫河和高岚河)

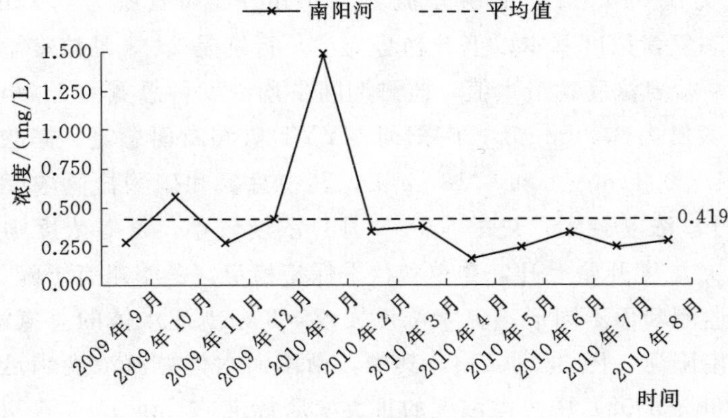

(b) 总磷浓度变化(南阳河)

图 3.3（一） 香溪河 3 条支流磷浓度月变化

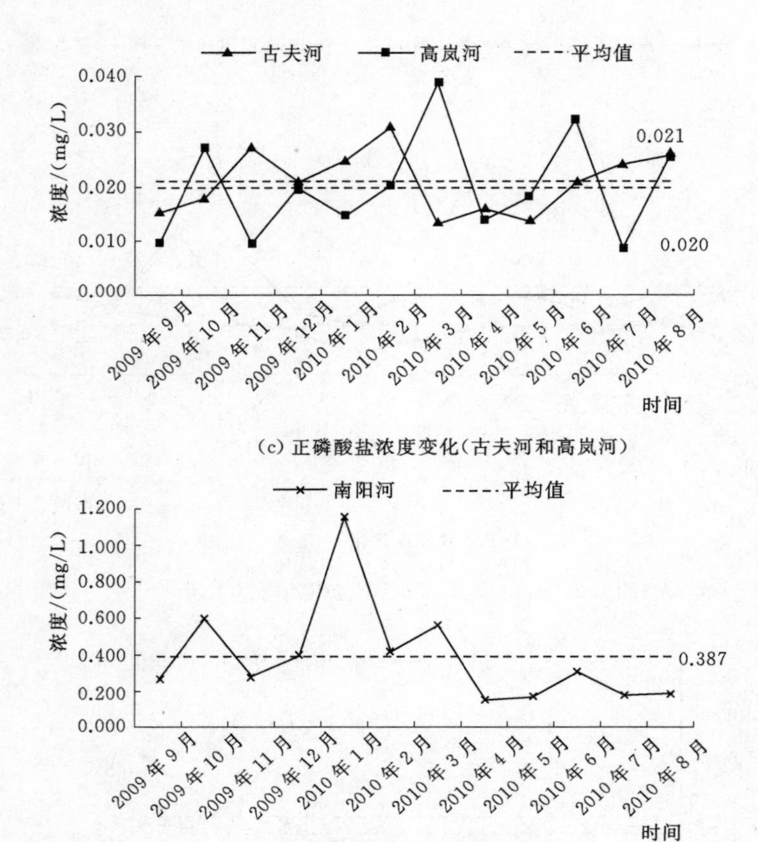

图 3.3（二）　香溪河 3 条支流磷浓度月变化

整体来看，2009 年 9 月至 2010 年 8 月，古夫河 GFYT 断面不同形态氮素（包括总氮、硝酸盐氮和氨氮）浓度波动较大，且都在 2010 年 1 月和 6 月两次出现峰值，监测期间平均浓度，总氮为 1.04mg/L、硝酸盐氮为 0.67mg/L 和氨氮为 0.32mg/L；高岚河 GLYT 断面不同形态氮素浓度基本以上升趋势为主，特别是 3—8 月浓度增加趋势更为明显，夏季总氮和硝酸盐氮浓度达最大值，监测期间平均浓度，总氮为 1.06mg/L、硝酸盐氮为 0.74mg/L 和氨氮为 0.29mg/L；南阳河 NYYT 监测断面总氮、硝酸盐氮和氨氮浓度分别为 0.65mg/L、0.41mg/L 和 0.18mg/L，其中总氮和硝酸盐氮浓度以下降趋势为主，秋季（9—11 月）浓度较大，夏季（6—8 月）浓度较小，氨氮浓度则表现为上升趋势，春季（3—5 月）浓度开始上升，夏季和秋季保持稳定，冬季略有下降。

对比 3 条支流监测断面不同形态氮素浓度发现，3 条支流水体的总氮浓度化趋势为：高岚河＞古夫河＞南阳河［图 3.2（a)］，其中，南阳河水体总氮浓度满足《地表水环境质量标准》(GB 3838—2002) 中总氮浓度的Ⅲ类水质标准（1mg/L)，高岚河和古夫河水体的总氮浓度满足Ⅳ类水质标准（1.5mg/L)；硝酸盐氮浓度变化趋势为：高岚河＞古夫河＞南阳河［图 3.2（b)］，与总氮浓度变化趋势一致；氨氮浓度变化趋势为：古夫河＞

高岚河＞南阳河［图 3.2（c）］，满足《地表水环境质量标准》（GB 3838—2002）中氨氮浓度的Ⅱ类水质标准（0.5mg/L）。3 条支流的硝酸盐氮浓度与总氮浓度的比值均超过 60%，说明 3 条支流水体中氮素主要以溶解性硝态氮存在。

结合图 3.3（a）和图 3.3（b）发现，监测期间 3 条支流水体的总磷浓度变化趋势为：南阳河＞高岚河＞古夫河，其中，古夫河和高岚河总磷平均浓度为 0.056mg/L 和 0.076mg/L，满足《地表水环境质量标准》（GB 3838—2002）中总磷浓度的Ⅱ类水质标准（0.1mg/L）；南阳河总磷平均浓度为 0.419mg/L，超过Ⅴ类水质标准（0.4mg/L），初步推断与该区高磷土壤背景及磷矿开采有关，表土侵蚀和大量磷矿渣的排入导致河流水体中磷含量剧增。

正磷酸盐浓度变化趋势与总磷大体一致，尤其对南阳河水体而言。图 3.3（d）显示，监测期间南阳河水体正磷酸盐浓度最大值为 1.153mg/L，同样也出现在 1 月，接近监测期间平均浓度（0.387mg/L）的 3 倍。古夫河和南阳河监测断面的正磷酸盐浓度变化趋势不明显，但其平均值均接近 0.02mg/L。

综上所述，2009 年 9 月至 2010 年 8 月监测期间，①香溪河 3 条支流水体总氮浓度变化趋势为：高岚河＞古夫河＞南阳河，且支流水体中氮素主要以溶解态硝酸盐氮存在。其中，南阳河水体总氮平均浓度满足《地表水环境质量标准》（GB 3838—2002）中总氮浓度的Ⅲ类水质标准，高岚河和古夫河水体总氮平均浓度满足《地表水环境质量标准》（GB 3838—2002）中总氮浓度的Ⅳ类水质标准，3 条支流的氨氮浓度均满足Ⅱ类水质标准；②3 条支流水体总磷浓度变化趋势为：南阳河＞高岚河＞古夫河，其中古夫河和高岚河总磷平均浓度满足《地表水环境质量标准》（GB 3838—2002）中总磷浓度的Ⅱ类水质标准，南阳河总磷平均浓度则超过Ⅴ类水质标准，初步推断与该区高磷背景及磷矿开采有关。

3.3.2 香溪河库湾回水区不同形态氮磷营养盐浓度时空变化

受上游来水及水库蓄水后回水倒灌的影响，香溪河库湾回水区水量交换频繁，其营养盐的空间格局也相继发生了改变。为了与支流水体相对应，特选择香溪河库湾各监测断面 2009 年 9 月至 2010 年 8 月的水质监测结果，对其表层水样（水面下 50cm）不同形态氮磷营养盐浓度时空变化进行分析。

1. 不同形态氮磷浓度空间变化

从图 3.4（a）中可以看出，整体来看，自河口采样断面 XX00 到库湾回水区末端采样断面 XX10，表层水体中氨氮浓度沿程变化不明显，基本保持在 0.40mg/L，满足《地表水环境质量标准》（GB 3838—2002）中氨氮浓度的Ⅱ类水质标准；总氮和硝酸盐氮浓度则表现为明显的递减趋势，其中除 XX00 断面总氮平均浓度达到 1.53mg/L 外，其余断面的总氮平均浓度均介于 1.1～1.5mg/L 之间，满足《地表水环境质量标准》（GB 3838—2002）中总氮浓度的Ⅳ类水质标准，但远远超过国际富营养化总氮浓度的标准阈值（0.2mg/L）；硝酸盐氮浓度介于 0.69～1.05mg/L 之间，且硝酸盐氮浓度占总氮浓度的比例超过 60%，两者表现为显著正相关，其相关系数高达 0.96。由此可见，库湾水体中氮素主要以溶解性硝酸盐氮为主。

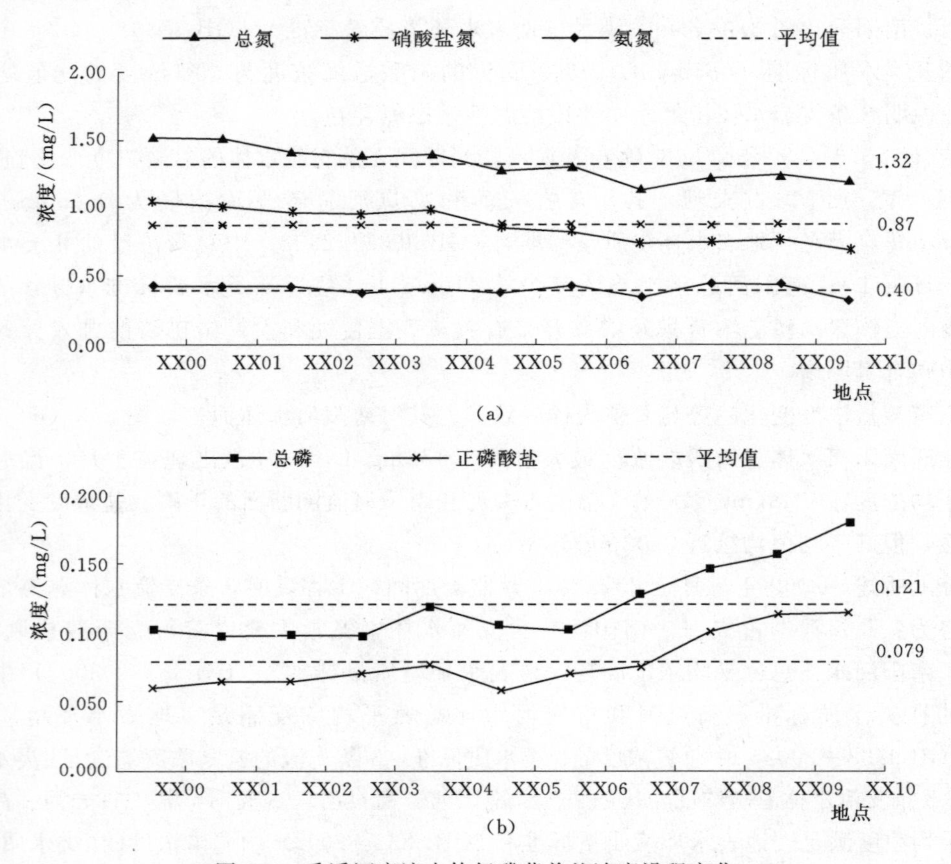

图 3.4　香溪河库湾水体氮磷营养盐浓度沿程变化

与总氮和硝酸盐氮的浓度变化趋势相反，总磷和正磷酸盐浓度自河口至库湾回水区上游基本以上升趋势为主［图 3.4（b)］，特别是 XX06～XX10 断面浓度增加趋势更为明显，其中总磷浓度从 XX06 的 0.10mg/L 增至 XX10 的 0.18mg/L，正磷酸盐浓度从 0.07mg/L 增至 0.12mg/L。整体而言，库湾 11 个监测断面的总磷平均浓度介于 0.1～0.2mg/L 之间，远远超过国际富营养化总磷浓度的标准阈值（0.02mg/L），若按照河流水体总磷浓度标准属于Ⅲ类水质，按照湖库标准则属于Ⅴ类水质。

2. 不同形态氮磷浓度时间变化

从库湾营养盐的沿程变化（图 3.4）可以看出，XX06 断面是氮、磷营养盐浓度变化的一个转折点，由此选择河口断面 XX00、回水区末端断面 XX10 和 XX06 作为控制断面，分析库湾水体中不同形态氮素和磷素浓度随时间的变化，如图 3.5 和图 3.6 所示。

从图 3.5 中可以看出，2009 年 9 月至 2010 年 8 月，3 个监测断面（XX00、XX06 和 XX10）的总氮浓度均表现为下降趋势，其中对 XX00 断面而言，总氮浓度除 2010 年 1 月超过 2.0mg/L 外，其余时段基本介于 1.5～2.0mg/L 之间；XX06 和 XX10 断面的总氮浓度变化情况基本一致，但与 XX00 断面略有不同，其总氮浓度变化范围较大，介于 1.0～2.0mg/L 之间（2010 年 1 月除外）。总体而言，3 个断面的总氮浓度满足《地表水环境质

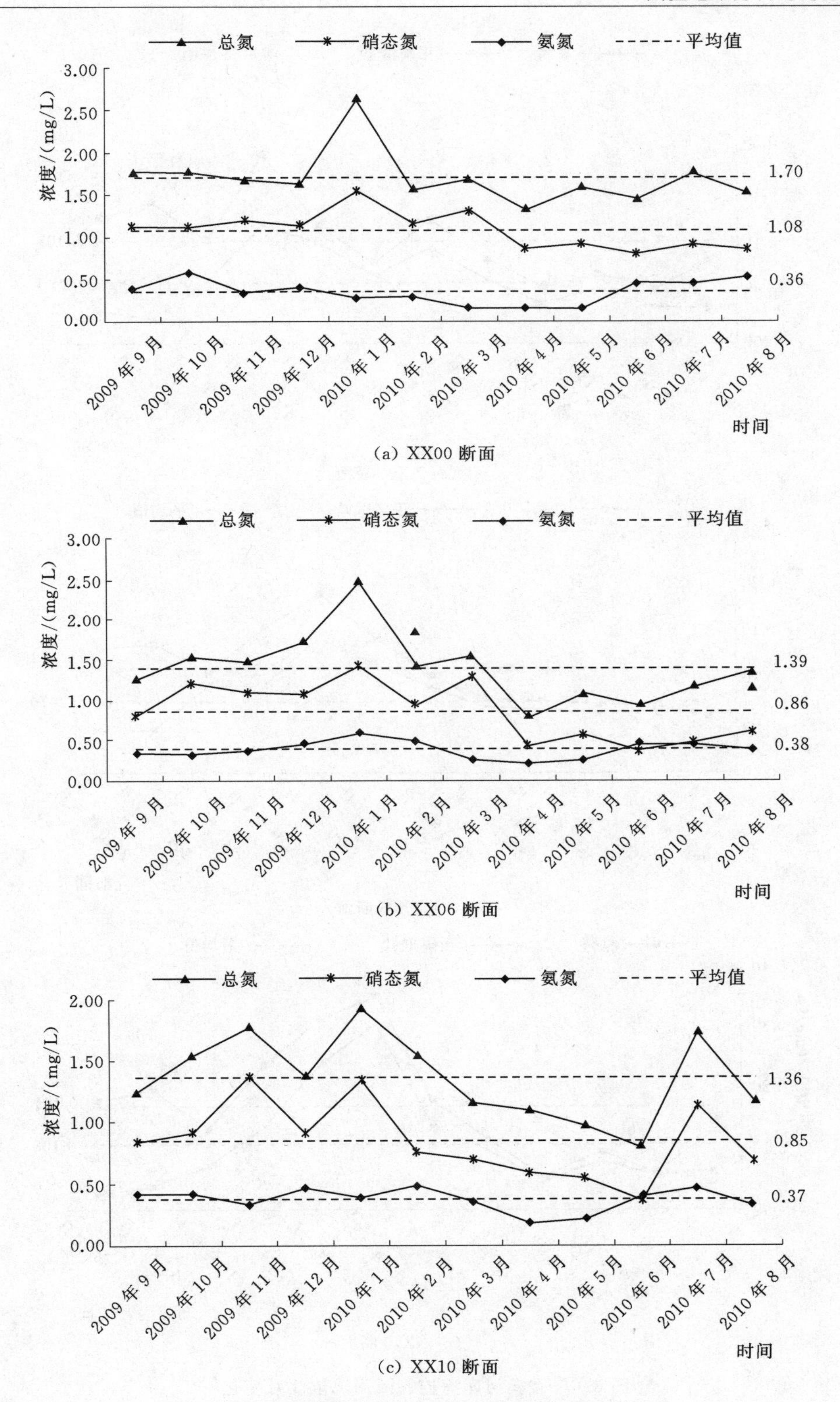

图 3.5 香溪河库湾控制断面氮浓度月变化

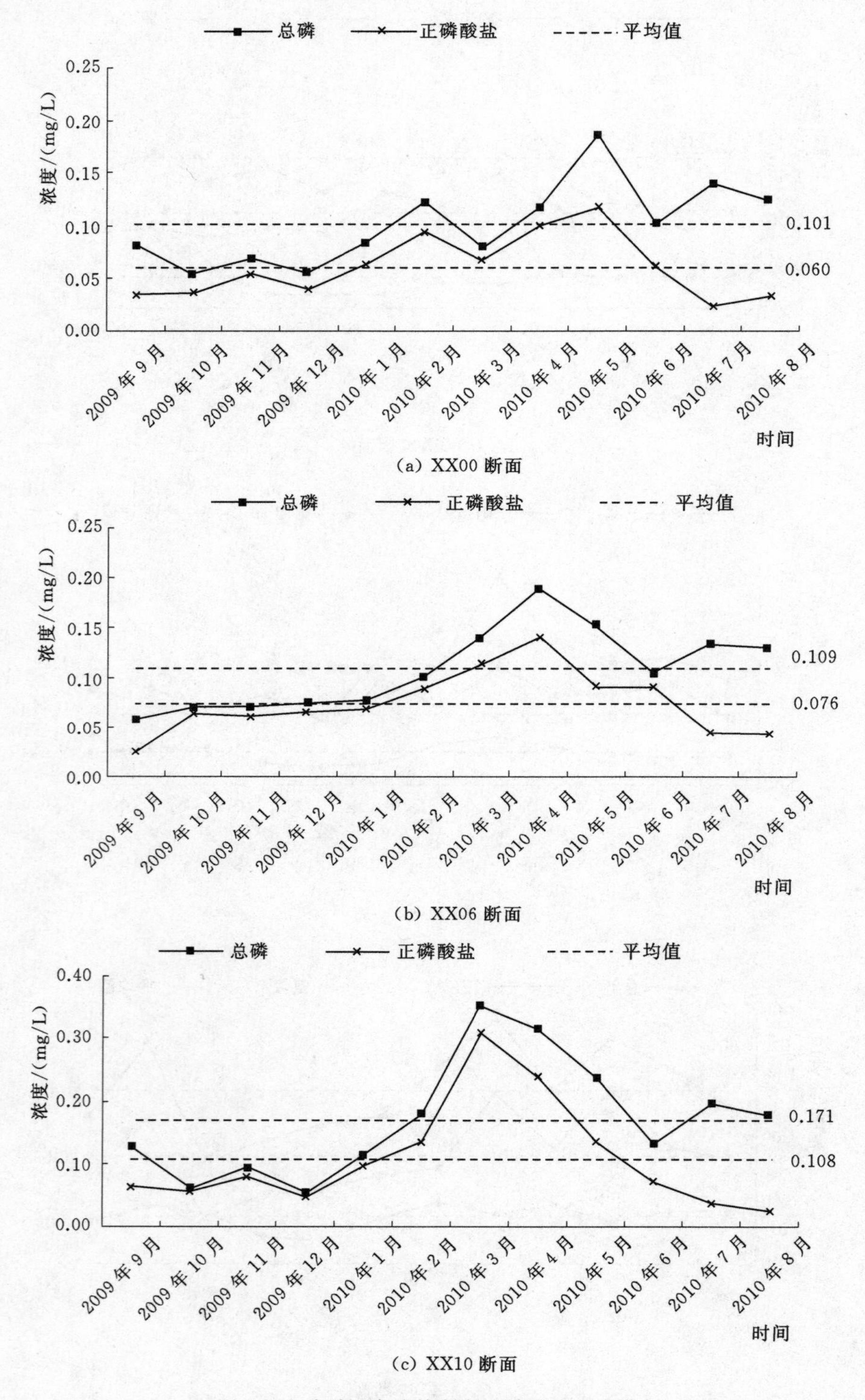

(a) XX00断面

(b) XX06断面

(c) XX10断面

图3.6　香溪河库湾控制断面磷浓度月变化

量标准》(GB 3838—2002）中总氮浓度的Ⅴ类水质标准，且秋季和冬季浓度较大，夏季次之，春季最小，2010 年 1 月水质最差，为劣Ⅴ类。3 个断面的硝酸盐氮浓度与总氮浓度变化趋势一致，均以下降为主，但氨氮浓度变化幅度不大，且满足《地表水环境质量标准》(GB 3838—2002）中氨氮浓度的Ⅱ类水质标准（0.5mg/L)。

图 3.6 显示，监测期间 3 个断面的正磷酸盐与总磷浓度变化趋势大体一致，均表现为单峰值，且峰值出现时间都在春季，其中位于库湾上游的 XX10 断面峰值出现在 3 月［图 3.6（c)］，自上而下 XX06 和 XX00 断面总磷浓度达到峰值的时间相继滞后一个月［图 3.6（a）和图 3.6（b)］。总体而言，3 个断面的总磷浓度春季最大，夏季和冬季次之，秋季最小。根据湖库标准，XX10 断面的总磷浓度最高，春季为劣Ⅴ类，夏季和冬季为Ⅴ类，秋季为Ⅳ类；XX00 和 XX06 断面的总磷浓度在春季和夏季均为Ⅴ类，冬季和秋季为Ⅳ类。

3.4 本 章 小 结

本章主要根据 2009 年 9 月至 2010 年 8 月的监测数据对香溪河 3 条支流及库湾回水区不同形态氮磷营养盐浓度的时空变化进行了综合分析。结果表明以下几点。

(1) 对支流水体而言：①总氮浓度变化趋势为：高岚河＞古夫河＞南阳河，且水体中氮素主要以溶解态氮硝酸盐氮存在，其中，南阳河水体总氮平均浓度满足《地表水环境质量标准》(GB 3838—2002）中总氮浓度的Ⅲ类水质标准，高岚河和古夫河水体总氮平均浓度满足Ⅳ类水质标准，3 条支流的氨氮浓度均满足Ⅱ类水质标准；②总磷浓度变化趋势为：南阳河＞高岚河＞古夫河，其中古夫河和高岚河总磷平均浓度满足《地表水环境质量标准》(GB 3838—2002）中总磷浓度的Ⅱ类水质标准，南阳河总磷浓度为劣Ⅴ类，初步推断与该区高磷背景及磷矿开采有关。

(2) 对库湾水体而言：自河口采样断面 XX00 到库湾回水区末端采样断面 XX10，①表层水体中氨氮浓度沿程变化不明显，基本保持在 0.40mg/L，满足《地表水环境质量标准》(GB 3838—2002）中氨氮浓度的Ⅱ类水质标准；总氮平均浓度基本介于 1.1～1.5mg/L 之间，满足《地表水环境质量标准》(GB 3838—2002）中总氮浓度的Ⅳ类水质标准，但远远超过国际富营养化总氮浓度的标准阈值（0.2mg/L)，硝酸盐氮浓度变化趋势与总氮基本一致，沿河口到回水区末端逐渐减小；②正磷酸盐浓度和总磷浓度变化趋势一致，以上升为主，特别是 XX06～XX10 断面浓度增加趋势更为明显，总磷平均浓度介于 0.1～0.2mg/L 之间，远远超过国际富营养化总磷浓度的标准阈值（0.02mg/L)，按照湖库标准属于Ⅴ类水质；③库湾 3 个控制断面（XX00、XX06 和 XX10）表层水体中总氮浓度均满足《地表水环境质量标准》(GB 3838—2002）中总氮浓度的Ⅴ类水质标准，且秋季和冬季浓度较大，夏季次之，春季最小，2010 年 1 月水质最差，为劣Ⅴ类；④库湾 3 个控制断面表层水体中总磷浓度春季最大，介于Ⅴ类至劣Ⅴ类水质之间，夏季和冬季次之，秋季浓度最小，满足Ⅳ类水质标准。

第4章 研究区坡地径流氮磷流失机理研究

地表径流是农业非点源污染产生的主要动力，而降雨是产生地表径流的直接原因。大强度降雨是本研究区降雨的主要特征，也是导致该区水土流失及农业非点源污染负荷氮磷流失的根本原因。本章从微观角度出发，试图通过对田间试验地块的径流监测，探讨场次降雨条件下地表径流中不同形态氮磷流失的主要特征及不同土地利用类型氮磷的流失规律，为流域农业非点源氮磷污染负荷分布式模拟提供试验数据。因为试验条件有限，本研究对泥沙的流失情况未做讨论，在下一步的研究中将继续关注。

4.1 试验方案设计

4.1.1 典型试验地块选择

经过野外调查和现场踏勘，在香溪河流域共设置了16个具有代表性的农业试验地块（表4.1），基本代表了研究区的主要土地利用（耕地、果园、林地、茶地）和土壤类型（石灰土、黄棕壤、黄壤、紫色土）。此外，还考虑了坡度要素。试验地块空间分布如图4.1所示。

径流监测小区是在试验地块的基础上修砌而成，目前已建成7个径流试验小区，其中古夫镇丰邑坪村2个，编号FY02（小麦-玉米轮作，黄壤）和FY03（蔬菜-马铃薯轮作，黄壤），代表两种不同土地利用类型；古夫镇古洞口村1个，编号GD01（蔬菜-马铃薯轮作，石灰土）；黄粮镇界牌垭村2个，编号HL03（油菜-玉米轮作，黄棕壤，不施肥）和HL04（油菜-玉米轮作，黄棕壤，施肥），代表两种不同的施肥状态；峡口镇游家河2个，编号YJH03（柑橘，紫色土）和YJH05（蔬菜-马铃薯轮作，黄棕壤），代表不同土壤类型。设置径流试验小区的目的是为了对次降雨条件下坡面产流和产污过程进行监测分析，设置试验地块的目的是为了分析土壤的物理和化学属性（如粒径组成、容重、含水率、氮磷含量等），为模型一些关键物理参数的确定提供必要的基础数据。

4.1.2 样品采集与测定方法

1. 水样

径流小区试验在野外自然降雨过程中进行，采集的水样储存于350mL的聚乙烯瓶中，

表 4.1 香溪河流域典型试验地块设置情况

编号		地点	位置	坡度/(°)	面积（长×宽）	土地利用	肥料施用	土种	备注
1	FY01	古夫镇丰邑坪村	110°44′54″E，31°21′12″N	约 5	10m×2m=20m²	柑橘	45%复合肥 2.5kg	黄壤	不同土地利用
2	* FY02		110°44′54″E，31°21′12″N	约 5	10m×2m=20m²	小麦-玉米	45%复合肥 2kg，尿素 1kg		
3	* FY03		110°44′54″E，31°21′12″N	约 5	10m×2m=20m²	蔬菜-马铃薯	45%复合肥 2kg，尿素 1kg		
4	* GD01	古夫镇古洞口村	110°45′56″E，31°21′50″N	约 25	10m×2m=20m²	蔬菜-马铃薯	农家肥 25kg，45%复合肥 1kg，尿素 1kg	石灰土	不同土地利用
5	GD02		110°45′56″E，31°21′50″N	约 25	10m×2m=20m²	柑桔	45%复合肥 2kg		
6	HL01	黄粮镇界牌垭村	110°48′56″E，31°19′05″N	约 10	7.5m×4m=30m²	油菜-玉米	无	黄棕壤	不同肥料施用
7	HL02		110°48′56″E，31°19′05″N	约 10	7.5m×4m=30m²	油菜-玉米	玉米：1kg 复合肥，5kg 尿素 油菜：1kg 复合肥，5kg 尿素		
8	* HL03		110°48′56″E，31°19′05″N	约 10	7.5m×4m=30m²	油菜-玉米	无		
9	* HL04		110°48′56″E，31°19′05″N	约 10	7.5m×4m=30m²	油菜-玉米	玉米：1kg 复合肥，5kg 尿素 油菜：1kg 复合肥，5kg 尿素		
10	HL05		110°48′56″E，31°19′05″N	约 10	7.5m×4m=30m²	油菜-玉米	无		
11	HL06		110°48′56″E，31°19′05″N	约 10	7.5m×4m=30m²	油菜-玉米	玉米：1kg 复合肥，5kg 尿素 油菜：1kg 复合肥，5kg 尿素		
12	* YJH03	峡口镇游家河	110°42′65″E，31°16′38″N	约 15	3m×3m=9m²	柑橘	每棵 1.5kg 复合肥，0.15kg 尿素	紫色土	不同土地利用 不同土壤类型
13	YJH04		110°42′65″E，31°16′38″N	约 10	5m×2m=10m²	蔬菜-马铃薯	2kg 复合肥，1kg 尿素	石灰土	
14	* YJH05		110°42′65″E，31°16′38″N	约 10	5m×2m=10m²	蔬菜-马铃薯	2kg 复合肥，1kg 尿素		
15	JLC	水月寺镇界岭	110°05′05″E，31°12′21″N	约 25	15m×7m=105m²	茶园	1kg 复合肥，1kg 尿素	黄壤	不同土地利用
16	JLL		110°05′05″E，31°12′21″N	约 25	3m×2m=6m²	林地	无		

注 标 * 为已建成的径流试验小区。

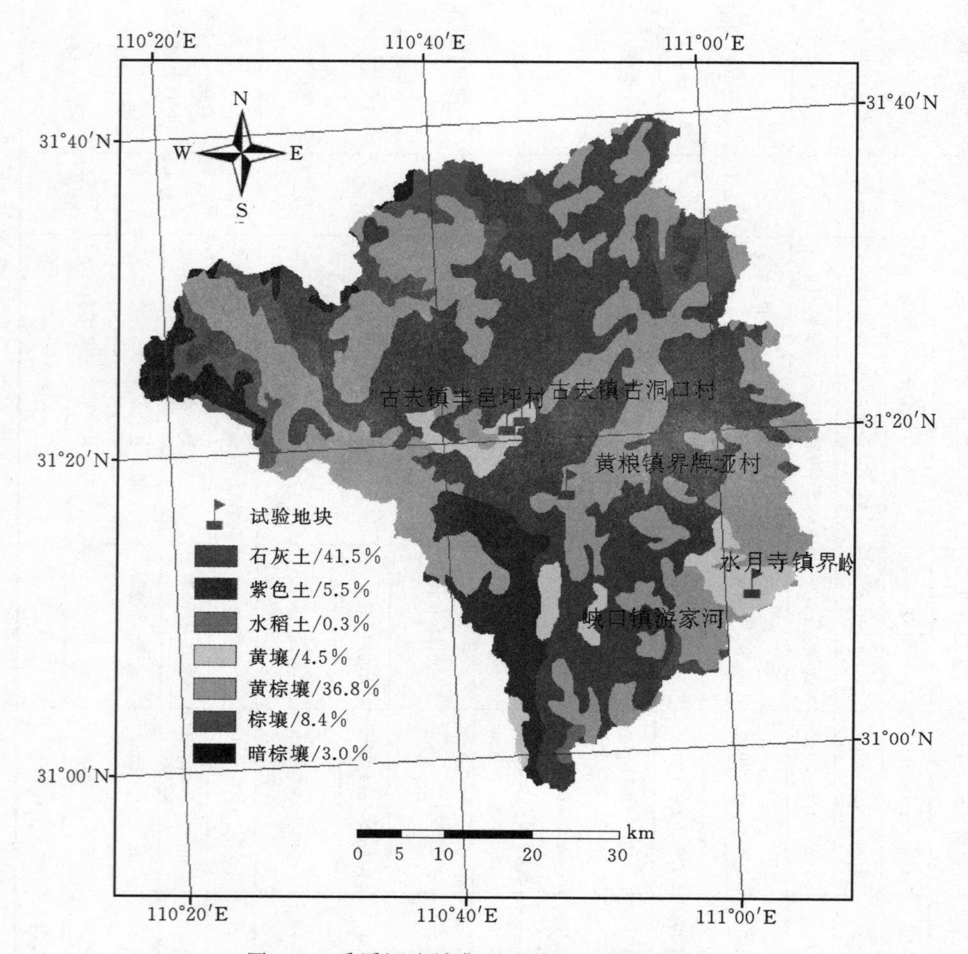

图 4.1　香溪河流域典型试验地块空间分布图

现场加硫酸调至 pH 值小于 2 保存，并在 24h 内带回实验室进行分析，测定指标主要包括总氮（TN）、硝酸盐氮（NO_3－N）、氨氮（NH_4－N）、总磷（TP）和正磷酸盐（PO_4－P），测定方法参考 3.2 节，这里不再赘述。一般情况下每间隔 30min 采样一次，遭遇大强度降雨时可根据实际情况加密采样，当雨强较小或降雨历时较长时可适当延长采样的时间间隔。水样采集自地表开始产流起计入，直至产流结束。

2. 土样

土样每次采集两份，在试验地块的上、中、下 3 个部位分别采样并进行均匀混合后密封保存，其中一份用于测定土壤含水率，一份在自然状态下风干 72h 后研磨过 100 目筛，而后以蒸馏水稀释，用玻璃棒搅动，静置 15min 后取上层滤液进行指标测定。主要测定指标及各指标测定方法同水样。

4.2 研究区降雨径流特征

4.2.1 降雨变化

1. 降雨年际变化

香溪河流域属亚热带大陆性季风气候，春季冷暖交替多变，雨水颇丰。对流域范围内的兴山（二）水文站1990—2009年共20年的降雨资料（图4.2）采用皮尔逊Ⅲ型水文频率分析。结果表明，1996年、1998年、2003年和2007年的降雨量均超过1000m，降雨频率小于20%，属丰水年；1997年、2001年、2004年和2009年的降雨频率大于80%，属枯水年（其中2004年的降雨频率大于90%，属特枯水年）；其余年份降雨频率介于20%～80%之间，属平水年。

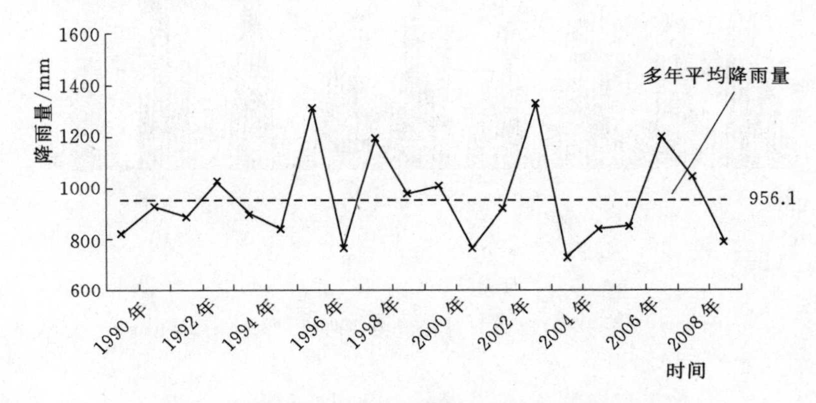

图4.2 研究区降雨量年际变化（1990—2009年）

2. 降雨年内分配

从降雨的年内分配来看（图4.3），研究区夏季（6—8月）降雨最多，约占全年降雨总量的46.6%，其中又以7月为降水高峰期（156.26mm），仅一个月的降雨量就占到全年降雨总量的16.3%；冬季（12月至次年2月）降雨量最少，仅占全年降雨总量的6.2%，其中又以1月降雨最少，仅占全年降雨总量的1.4%。

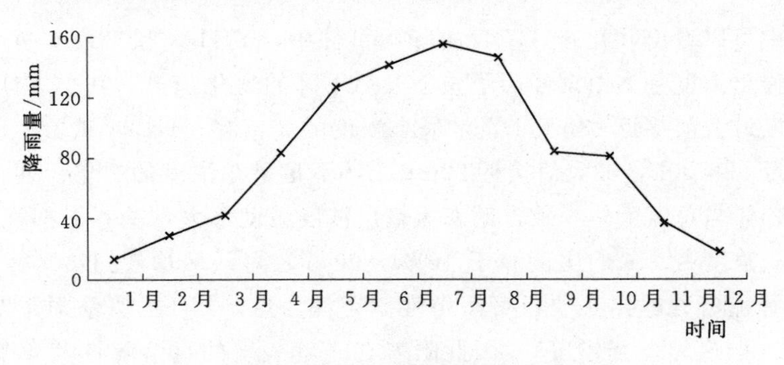

图4.3 研究区降雨量年内分配

4.2.2　径流变化

对兴山（二）水文站（控制近60%的流域面积）记录的2001—2009年的月径流资料进行统计分析。结果显示，水文站控制断面多年平均径流量约为30.91m^3/s，其中7月径流量最大（63.60m^3/s），1月径流量最小（12.83m^3/s）。将径流数据与同期的降雨量进行对比（图4.4）发现，随着降雨量的增多，径流量也出现增加趋势，两者变化基本趋势一致，其相关系数为0.82。

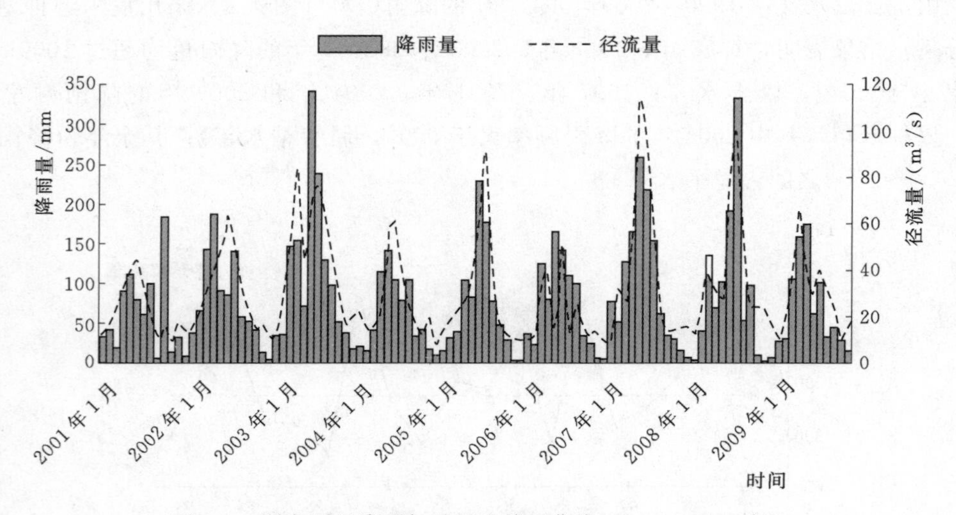

图4.4　研究区月降雨与月径流关系曲线（2001—2009年）

4.3　坡地径流氮磷流失机理研究

4.3.1　坡地径流氮磷流失特征

基于2010年6月7日的降雨事件，对产生径流的两个试验小区YJH03（柑橘地，紫色土，15°）和HL04（玉米地，黄棕壤，10°）的氮磷浓度变化进行对比，结果如图4.5和图4.6所示。

从图4.5中可以看出，在6月7日的降雨事件中，YJH03和HL04两个试验小区的地表径流总氮输出浓度基本上都经历了先上升后下降的变化趋势，其中YJH03试验小区的总氮输出浓度最大值接近23mg/L，是最小浓度的2倍多；HL04试验小区的总氮输出浓度最小值接近13mg/L，最大值接近22mg/L，不足最小浓度的2倍。两个试验小区的氨氮浓度变化趋势与总氮大体一致，硝态氮输出浓度波动不大，基本上都稳定在10mg/L左右，且硝态氮浓度占总氮的比例介于40%～90%之间，平均超过50%，说明在降雨条件下，地表径流氮素输出主要以可溶解性硝态氮为主。6月正值暴雨季节，且该时期农事活动频繁（如追肥、翻耕等），因此附着在土壤表层的可溶解性营养盐容易随地表径流流失。

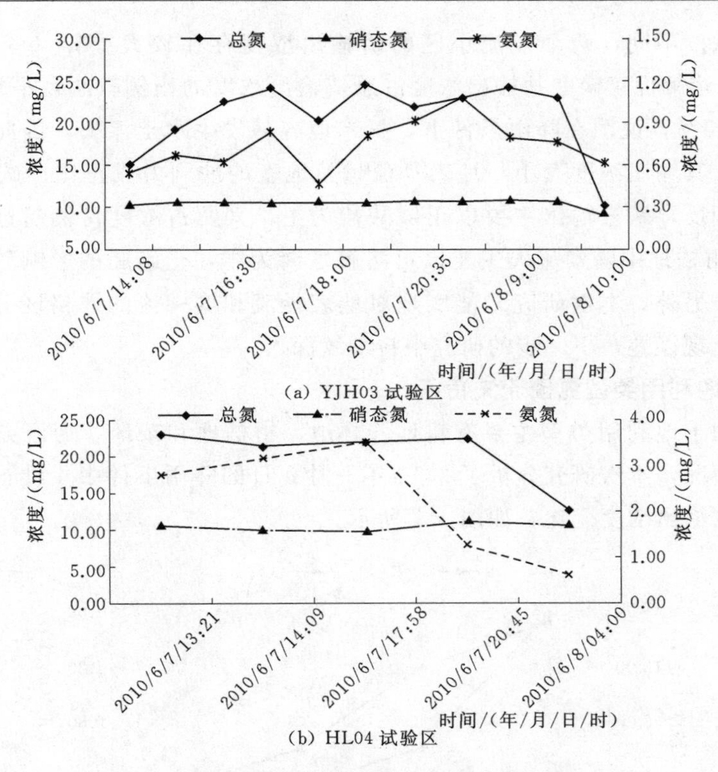

(a) YJH03 试验区

(b) HL04 试验区

图 4.5 两个径流小区氮输出浓度随时间的变化

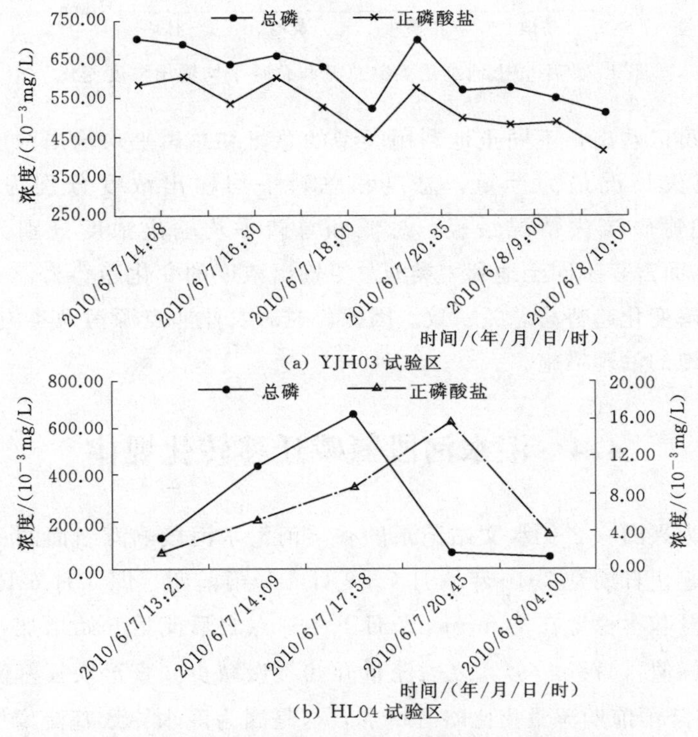

(a) YJH03 试验区

(b) HL04 试验区

图 4.6 两个径流小区磷输出浓度随时间的变化

与氮输出浓度不同，两个径流小区的磷输出浓度存在较大差异（图 4.6）。其中对 HL04 而言，可溶解性正磷酸盐输出浓度占总磷输出浓度的比例较小，平均不足 7%，最大值也不超过 25%，说明在降雨条件下，玉米地容易发生水土流失，因此磷素主要以颗粒态形式流失，其输出浓度大小与地表径流量及地表的冲刷力成正比；试验地块 YJH03 的情况则刚好相反，磷素输出主要以正磷酸盐为主，其所占浓度比例超过总磷输出浓度的 80%，说明柑橘地中磷素流失主要以可溶解性磷为主，受施肥的影响较大，坡度的影响则相对较小。另外，本次研究未能实现对地表径流和壤中流的严格区分，因此在分析过程中难免会出现误差，下一步的研究中将继续深入。

4.3.2　不同土地利用类型氮磷流失特征

研究区内的土地利用类型主要有耕地、林地、柑橘地和茶地。为研究不同土地利用类型氮磷流失情况，本次研究分析了 2010 年 7 月 8 日的降雨事件中 4 种土地利用类型的总氮和总磷平均输出浓度变化，如图 4.7 所示。

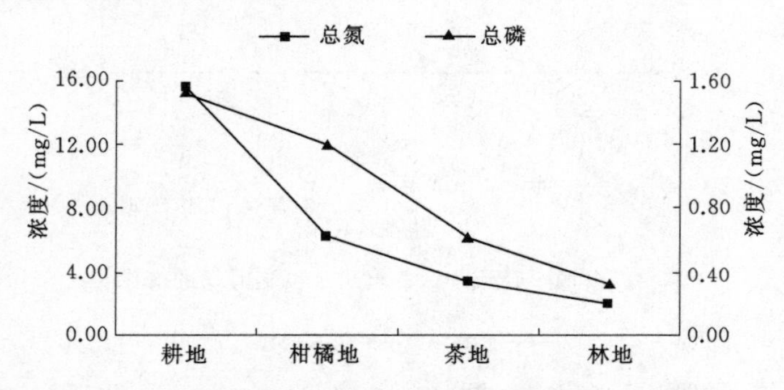

图 4.7　不同土地利用类型总氮和总磷平均输出浓度变化

从图 4.7 中可以看出，不同土地利用类型的总氮和总磷平均输出浓度差别较大，其中，耕地氮磷流失情况最为严重，总氮和总磷平均输出浓度分别为 15.64mg/L 和 1.53mg/L；林地氮磷流失情况最轻，总氮和总磷平均输出浓度分别为 1.53mg/L 和 0.33mg/L。总体而言，不同土地利用类型总氮输出浓度的变化趋势为：耕地>柑橘地>茶地>林地，总磷变化趋势与总氮一致。因此，在对农业非点源污染实施控制和管理时，应重点关注对耕地的治理措施。

4.4　汇水河段氮磷迁移转化规律

图 4.8 所示为兴山（二）水文站记录的香溪河汇水河段响滩断面的一次降雨产流过程，降雨事件的起止日期是 2010 年 6 月 7—9 日。降雨前期（即 6 月 6 日上午 12 点至 7 日下午 2 点）流量基本稳定在 $70m^3/s$，7 日下午 3 点之后流量开始增加，一直持续到次日凌晨 2 点达到峰值（$478m^3/s$），之后流量开始缓慢减少，直至恢复基流状态，此时流量为 $75m^3/s$，与降雨前期流量相比略有增加，这是因为降水导致基流增加。水位的变化

与流量变化过程基本一致，也呈现单峰值变化，最高水位157.67m，也出现在6月8日凌晨2点，这一点可以从水位与流量的拟合曲线（图4.9）中再次得到证实，拟合结果显示监测期间响滩断面的水位和流量拟合度很高，拟合系数高达1。

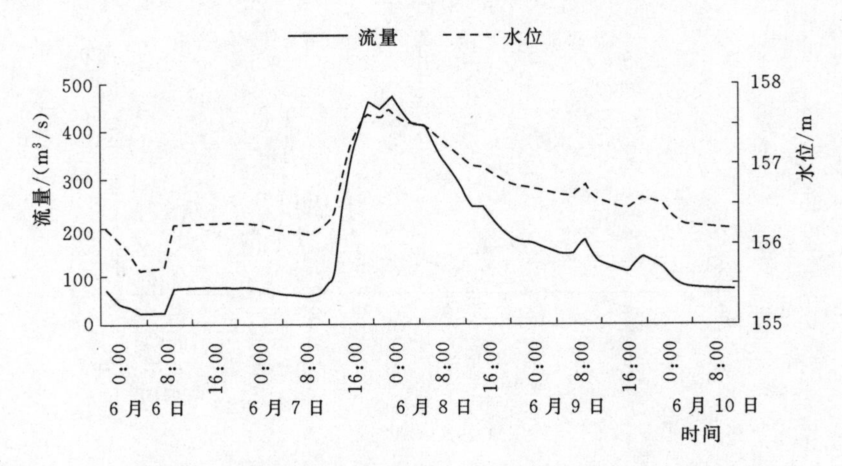

图4.8 香溪河汇水河段响滩断面水位-流量过程（2010年6月6—10日）

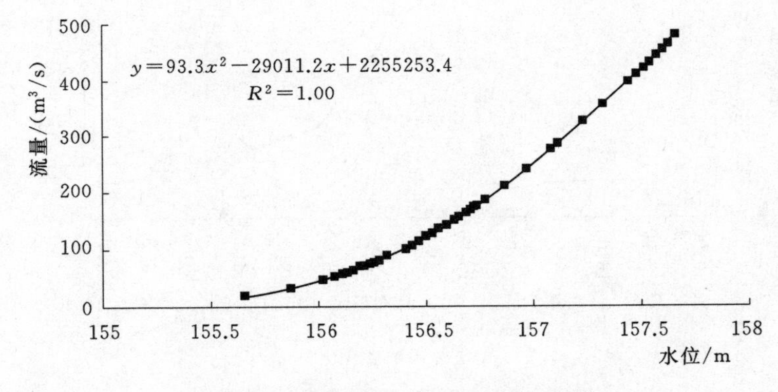

图4.9 响滩断面水位-流量拟合结果

图4.10所示为本次降雨过程中汇水河段响滩断面氮磷浓度随时间的变化曲线。从图4.10（a）中可以看出，总氮浓度变化相对比较复杂，前期因为受降雨径流影响浓度不断增加，从降雨初期的1mg/L增至最大浓度6.3mg/L，但其峰值出现时间滞后于流量峰值30h，降雨后期因为受到壤中流的影响又出现次峰值。从整个降雨历程来看，溶解性总氮的变化趋势与总氮基本一致，说明本次降雨过程中氮素输出以溶解态为主，主要随壤中流流失，流失量受施肥量影响较大。

总磷输出浓度变化与流量变化趋势大体一致［图4.10（b）］，都呈现单峰值，但总磷浓度出现峰值的时间比流量提前8h，其峰值浓度为2mg/L，达到峰值之后总磷浓度开始急剧下降，直至降雨结束后总磷浓度基本维持在0.12mg/L，略低于降雨初期，可能是由于径流的稀释作用所致。整个过程中溶解性总磷波动较小，平均浓度0.07mg/L，说明降雨前期磷素输出以吸附态为主，主要随地表径流流失，受雨强和坡度影响较大，后期磷素流失主要以溶解态为主，受土壤表层磷富集量的影响较大，与施肥量的多少密切相关。

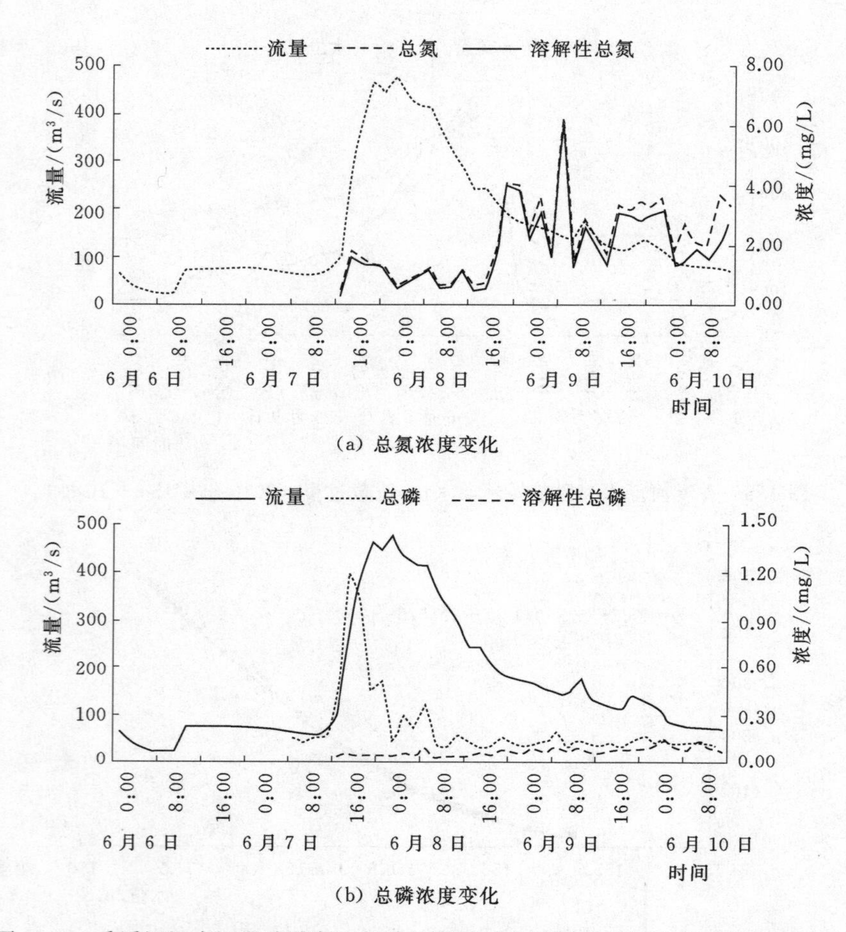

(a) 总氮浓度变化

(b) 总磷浓度变化

图 4.10　香溪河汇水河段响滩断面氮磷浓度随时间的变化（2010 年 6 月 6—10 日）

4.5　本　章　小　结

本章通过对次降雨条件下不同形态氮磷输出浓度随时间变化的分析，探讨了坡地地表径流过程氮磷流失的主要特征，其中对氮素流失主要以可溶解性硝态氮为主，而磷素主要以颗粒态的形式流失。土地利用类型对氮磷输出浓度的影响较大，总体而言，总氮输出浓度：耕地＞柑橘地＞茶地＞林地，总磷输出浓度的变化趋势与总氮一致，说明耕地是氮磷流失的关键源区。

对汇流河段响滩断面氮磷输出浓度的分析结果表明，降雨初期受地表径流影响总氮输出浓度不断增加，但其达到峰值的时间滞后于流量峰值，降雨后期由于受壤中流的影

响总氮输出浓度出现次峰值。从整个降雨历程来看，氮素输出以溶解态为主，主要随壤中流流失，流失量受施肥量影响较大。总磷输出浓度变化与流量变化趋势大体一致，都呈现单峰值，但总磷浓度在流量达到峰值前出现极大值，其峰值浓度为 2mg/L，达到峰值之后总磷浓度开始急剧下降，直至降雨结束后总磷浓度基本维持在 0.12mg/L，略低于降雨初期，可能是由于径流的稀释作用所致。整个过程中溶解性总磷波动较小，平均浓度 0.07mg/L，说明降雨前期磷素输出以吸附态为主，主要随地表径流流失，受雨强和坡度影响较大，后期磷素流失主要以溶解态为主，受土壤表层磷富集量的影响较大，与施肥量的多少密切相关。

第5章 香溪河流域农业非点源污染数值模拟

农业非点源污染模型研究是对农业非点源污染发生过程的数字描述，是开展非点源污染量化研究及获取非点源污染控制和管理基础数据的最直接和最有效的方法。应用农业非点源污染模型，可以从时间和空间上对非点源污染产生的机理进行数学分析，识别污染负荷的主要来源，估算污染负荷产生量，评价不同土地利用和管理措施对非点源污染的影响，为流域水资源规划和管理提供决策依据。在本书第4章中重点讨论了农田尺度地表径流氮磷流失的主要特征及不同下垫面条件（如土地利用）对氮磷输移的影响。本章主要利用GIS技术，结合非点源污染模型SWAT，从流域的尺度出发，对整个研究区域的农业非点源污染进行分布式模拟，阐明研究区主要农业非点源污染负荷氮磷的时空分布规律，识别土壤流失的关键源区，并对流域出口非点源污染物氮磷的入库通量进行定量估算。

5.1 模型概述

本研究应用的SWAT模型版本是基于ArcGIS界面的ArcSWAT 2.1[127]，其核心模型是SWAT2005。SWAT模型是美国农业部（USDA）农业研究所（ARS）开发的基于流域尺度的分布式水文模型，可以用来模拟和预测土地管理措施对不同土壤类型、土地利用方式和管理条件下复杂大流域的水、泥沙和农业化学物质（主要是氮、磷）输移的长期影响[106,107]。SWAT模型自开发至今，其在河道径流、泥沙及非点源氮、磷污染负荷方面的预测能力在北美寒区、加拿大、欧洲等地区已得到广泛验证[108-112]，并在应用过程中得到了不断发展。最初SWAT模型多应用于大型复杂流域[113-122]，随着模型的推广，其适用性在中小型流域也得到了成功体现[123-126]。最近几年，SWAT模型在我国平原地区一些湖泊流域也得到了初步应用，如长江中下游的洪湖[90]、太湖[91,92]、固城湖[93]等。

5.1.1 模型优势与局限性

SWAT模型不是一个描述输入变量与输出变量之间统计关系的经验模型，而是一个具有物理意义的模型，它考虑了流域内部水文、气象、泥沙、土壤温度、作物生长、营养盐、农药/杀虫剂和农业管理等多种过程[128]。与所有的分布式参数模型一样，SWAT模型考虑了流域内部的地理要素和地理过程的空间异质性和可变性，将流域划分成若干个子流域（sub - basins），并进一步将子流域离散为更小的水文响应单元（Hydrologic Response Units，HRUs），因而比较逼近真实的环境过程。SWAT 模型是连续时间尺度的分布式模型，模拟的时间步长可以是日、月或年，最长模式时段可达 200 年。通过与地理信息系统（GIS）的集成，模型空间信息和空间数据的前处理能力和后处理能力都得到了极大提升，其可视化的操作和表达能力也得到了增强。此外，SWAT 模型所需数据量庞大但满足模型运行的最少输入数据很容易满足，其余数据均可由模型自动生成或选择默认值，这一特征使得资料缺乏地区的建模成为可能。

当然，SWAT 模型也存在一些局限性，主要表现在以下几个方面：①模型主要用于考察某一事件的长期影响，而不适用于对具体的单一洪水过程的模拟，其模拟的最小时间步长是日；②模型选取距离子流域的质心最近的雨量站数据作为整个子流域的降雨量，因此当子流域降雨的空间异质性较大时会出现较大误差，另外，如果日降雨量缺失天数过多，模拟结果的精确度也会大大降低；③模型对泥沙过程的演算相对简单化，没有考虑河床的复杂性，从而影响了边坡系数的取值；④模型的水库演算部分是源于小水库开发的，基于完全混合的假设，没有考虑对水库出流的控制。为了提高模拟的精确度，需要掌握模型的局限性，并在以后的应用过程中对模型加以改进和完善。

5.1.2 模型原理与框架

SWAT 模型采用模块化结构，便于模型的扩展和修改，模型主要分为 3 个子模块，即水文循环子模块、土壤侵蚀子模块和污染负荷子模块。下面根据 SWAT（Soil and Water Assessment Tool Theoretical Documentation）模型的理论文档对 3 个子模块的原理进行简单介绍。

5.1.2.1 水文循环子模块

SWAT 模型模拟的流域水文过程如图 5.1 所示。主要包括两个部分：一是水文循环的陆面部分，即产流和坡面汇流部分，它控制着每个子流域汇入到主河道的水、沙和营养物质的总量；二是河道汇流部分，它决定了水、沙和营养物质等从河网到流域出口的输移过程。其中，模型模拟的水文循环主要基于下面的土壤-水量平衡方程，即

$$\mathrm{SW_t} = \mathrm{SW_0} + \sum_{i}^{t}(R_{\mathrm{day}} - Q_{\mathrm{surf}} - E_{\mathrm{a}} - W_{\mathrm{seep}} - Q_{\mathrm{gw}}) \tag{5.1}$$

式中：$\mathrm{SW_t}$ 为土壤最终含水量，mm；$\mathrm{SW_0}$ 为土壤初始含水量，mm；t 为时间步长，d；R_{day}为第 i 天降雨量，mm；Q_{surf}为第 i 天的地表径流量，mm；E_{a} 为第 i 天的蒸发量，mm；W_{seep}为第 i 天存在于土壤剖面层的渗透量和侧流量，mm；Q_{gw}为第 i 天的地下水含量，mm。

SWAT 模型模拟的主要水文计算模式如下。

1. 地表径流量的计算

SWAT 模型提供两种方法计算地表径流量，即 SCS（Soil Conservation Service）径流曲线法和 Green & Ampt 渗透法。本研究采用的是 SCS 径流曲线法，SCS 曲线方程是在 20 世纪 50 年代以后逐渐得到广泛应用的，该模型是对全美小流域降水与径流关系 20

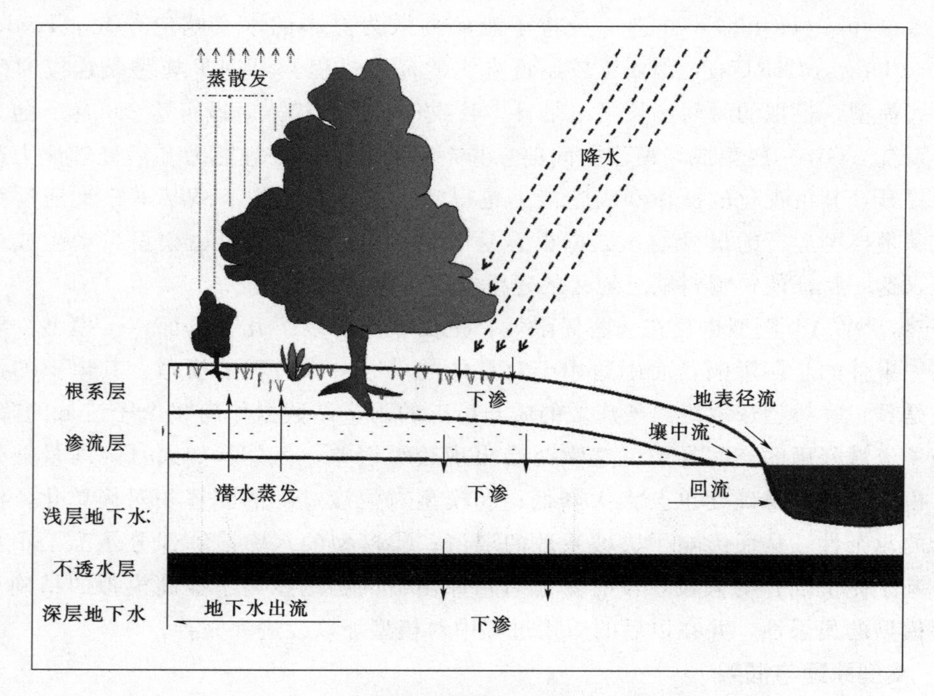

图5.1 SWAT模型中水文循环过程示意图

多年的研究成果，可以对不同的土地利用类型和土壤类型进行径流量连续逐日模拟。

SCS曲线方程主要基于下面的3个基本假设：①存在土壤最大蓄水量S；②土壤实际蓄水量F与最大蓄水量S的比值等于地表径流量Q与降雨量P和初损I_a差值的比值；③$I_a=0.2S$。由此得到的降雨-径流关系式为

$$\frac{F}{S}=\frac{Q}{P-I_a} \tag{5.2}$$

式中：P为一次性降雨总量，mm；Q为地表径流量，mm；I_a为初损，mm，即产生地表径流之前的降雨损失；F为后损，mm，即产生地表径流之后的降雨损失；S为流域在当时降雨条件下的最大可能滞留量，mm，是F的上限。

根据水量平衡方程，有

$$F=P-I_a-Q \tag{5.3}$$

$$Q=\frac{(P-0.2S)^2}{P+0.8S} \tag{5.4}$$

$$S=\frac{25400}{\mathrm{CN}}-254 \tag{5.5}$$

式中，曲线号CN值是一个反映降雨前期流域特征的无量纲参数。

2. 蒸散发的计算

SWAT模型考虑的蒸散发是指所有地表水转化为水蒸气的过程，包括水面蒸发、裸地蒸发和植被蒸腾。在模型中土壤水蒸发和植被蒸腾是被分开模拟的，其中植被蒸腾是

利用潜在蒸散发和叶面指数的线性关系式计算，土壤水蒸发用潜在蒸散发和叶面指数估算。SWAT 模型中提供了 3 种计算潜在蒸散发的方法，本书选择的是 Penman - Monteith 方法，其计算公式为

$$\lambda E=\frac{\Delta\cdot(H_{\mathrm{net}}-G)+\dfrac{\rho_{\mathrm{air}}c_{\mathrm{p}}}{e_z^0-e_z}r_{\mathrm{a}}}{\Delta+\gamma\times\left(1+\dfrac{r_{\mathrm{c}}}{r_{\mathrm{a}}}\right)} \tag{5.6}$$

式中：λE 为潜热通量密度，MJ/(m^2 · d)；E 为以深度表示的蒸发，mm/d；Δ 为饱和水汽压-温度曲线的斜率 de/dT，kPa/℃；H_{net} 为净辐射，MJ/(m^2 · d)；G 为地表热通量密度，MJ/(m^2 · d)；ρ_{air} 为空气密度，kg/m^3；c_{p} 为标准大气压下的空气比热容，MJ/(kg · ℃)；e_z^0 为高度 z 的空气饱和水汽压，kPa；e_z 为高度 z 的空气水汽压，kPa；γ 为 Psychronmetric 湿度常数，kPa/℃；r_{c} 为植被冠层阻抗，S/m；r_{a} 为空气动力阻抗，S/m。

3. 壤中流的计算

壤中流的计算用动态存储模型（Kinematic Storage Model）预测，该模型同时考虑了水力传导度、坡度和土壤含水量的时空变化。计算公式为

$$Q_{\mathrm{lat}}=0.024\times\frac{2\mathrm{SW}_{\mathrm{ly,excess}}\times K_{\mathrm{sat}}\times \mathrm{slp}}{\phi_{\mathrm{d}}L_{\mathrm{hill}}} \tag{5.7}$$

式中：$\mathrm{SW}_{\mathrm{ly,excess}}$ 为土壤饱和区可流出水量，mm；K_{sat} 为土壤饱和导水率，mm/h；slp 为坡度，m/m；ϕ_{d} 为土壤有效孔隙度；L_{hill} 为坡长，m。

4. 地下水的计算

SWAT 将地下水分为两层，即浅层地下水和深层地下水。浅层地下水通过径流汇入流域内河道，深层地下水通过径流汇入流域外河道。

（1）浅层地下水水量平衡：

$$\mathrm{aq}_{\mathrm{sh},i}=\mathrm{aq}_{\mathrm{sh},i-1}+W_{\mathrm{rchrg}}-Q_{\mathrm{gw}}-W_{\mathrm{revap}}-W_{\mathrm{deep}}-W_{\mathrm{pump,sh}} \tag{5.8}$$

式中：$\mathrm{aq}_{\mathrm{sh},i}$ 为第 i 天在浅蓄水层中的储水量，mm；$\mathrm{aq}_{\mathrm{sh},i-1}$ 为第 $i-1$ 天浅蓄水层中的储水量，mm；W_{rchrg} 为第 i 天进入浅蓄水层的水量，mm；Q_{gw} 为第 i 天进入河道的基流；W_{revap} 为第 i 天由于土壤缺水而进入土壤带的水量，mm；W_{deep} 为第 i 天由浅蓄水层进入深蓄水层的水量，mm；$W_{\mathrm{pump,sh}}$ 为第 i 天浅蓄水层中被上层吸收的水量，mm。

地下径流（基流）Q_{gw} 的计算公式为

$$Q_{\mathrm{gw}}=\frac{8000\times K_{\mathrm{sat}}}{L_{\mathrm{gw}}^2}\times h_{\mathrm{wtbl}} \tag{5.9}$$

式中：Q_{gw} 为第 i 天进入河道的基流，mm；K_{sat} 为浅蓄水层的饱和水力传导率，mm/d；L_{gw} 为地下水子流域到河道的距离，m；h_{wtbl} 为水尺高度，m。

（2）深层地下水水量平衡：

$$\mathrm{aq}_{\mathrm{ap},i}=\mathrm{aq}_{\mathrm{dp},i-1}+W_{\mathrm{deep}}-W_{\mathrm{pump,dp}} \tag{5.10}$$

式中：$\mathrm{aq}_{\mathrm{ap},i}$ 为第 i 天深蓄水层中的储水量，mm；$\mathrm{aq}_{\mathrm{ap},i-1}$ 为第 $i-1$ 天深蓄水层的储水量，

mm；W_{deep}为第 i 天由浅蓄水层进入深蓄水层的水量，mm；$W_{pump,dp}$为第 i 天深蓄水层被上层吸收的水量，mm。

5. 河道汇流计算

SWAT 模型提供了两种方法计算河道汇流，即变动存储系数法和 Maskingum 方程，本次模拟选择的是 Maskingum 法。下面分别对两种方法的计算公式进行简单介绍。

（1）变动存储系数模型：

$$Q_{out,2}=SC\times Q_{in,ave}+(1-SC)\times Q_{out,1} \tag{5.11}$$

式中：$Q_{out,1}$为某时段初出流量，m^3/s；$Q_{out,2}$为某时段末出流量，m^3/s；$Q_{in,ave}$为平均入流量，m^3/s；SC 为存储系数。

（2）Maskingum 法：

$$Q_{out,2}=C_1\times Q_{in,2}+C_2\times Q_{in,1}+C_3\times Q_{out,1} \tag{5.12}$$

式中：$Q_{out,1}$为某时段初出流量，m^3/s；$Q_{out,2}$为某时段末出流量，m^3/s；$Q_{in,1}$为某时段初入流量，m^3/s；$Q_{in,2}$为某时段末入流量，m^3/s；C_1、C_2、C_3 为权重系数，且 $C_1+C_2+C_3=1$。

5.1.2.2　土壤侵蚀子模块

SWAT 模型中对土壤侵蚀过程的模拟采用修正的通用土壤流失方程（MUSLE），与通用的土壤流失方程 USLE 相比，MUSLE 用径流因子代替降雨动能对侵蚀量进行预测，使得无需泥沙输移系数就可以得到泥沙产量，并且可以将方程用于单次暴雨事件。其计算公式为

$$sed=11.8\times(Q_{surf}\cdot q_{peak}\cdot area_{hru})^{0.56}K_{USLE}C_{USLE}P_{USLE}LS_{USLE}\cdot CFRG \tag{5.13}$$

式中：sed 为某日土壤侵蚀量，t；Q_{surf}为地表径流量，mm H_2O/hm^2；q_{peak}为峰值径流率，m^3/s；$area_{hru}$为水文响应单元的面积，hm^2；K_{USLE}为土壤可蚀性因子；C_{USLE}为植被覆被和作物管理因子；LS_{USLE}为地形因子；CFRG 为粗糙度因子。

5.1.2.3　氮磷污染负荷子模块

1. 氮负荷模型

（1）溶解性硝态氮。硝态氮主要随地表径流、侧向流或渗流在水体中迁移，用自由水中的硝态氮浓度乘以各流向径流总量，即可得到土壤中流失的硝态氮总量。自由水中硝态氮浓度计算公式为

$$conc_{NO3,mobile}=\frac{NO_{3,ly}\times\exp\left[\dfrac{-w_{mobile}}{(1-\theta_e)\times SAT_{ly}}\right]}{w_{mobile}} \tag{5.14}$$

式中：$conc_{NO3,mobile}$为给定土壤层中自由水中的硝态氮浓度，kg N/mm H_2O；$NO_{3,ly}$为土壤层 ly 中的硝态氮量，kg N/hm^2；w_{mobile}为土壤层中自由水的量，mm H_2O；θ_e 为空隙水量，mm H_2O；SAT_{ly}为土壤层 ly 中的饱和含水量，mm H_2O。

其中，地表径流流失的溶解态氮负荷计算公式为

$$NO_{3surf}=\beta_{NO3}\times conc_{NO3,mobile}\times Q_{surf} \tag{5.15}$$

式中：NO_{3surf}为通过地表径流流失的硝态氮，kg/hm²；β_{NO_3}为硝态氮渗流系数；Q_{surf}为地表径流，mm。

侧向流流失的溶解态氮负荷计算公式如下。

对于地表10mm土层，有

$$NO_{3lat,ly}=\beta_{NO_3}\times conc_{NO_3,mobile}\times Q_{lat,ly} \tag{5.16}$$

对于10mm以下的土层，有

$$NO_{3lat,ly}=conc_{NO_3,mbile}\times Q_{lat,ly} \tag{5.17}$$

式中：$NO_{3lat,ly}$为通过侧向流流失的硝态氮，kg/hm²；β_{NO_3}为硝态氮渗流系数；$Q_{lat,ly}$为侧向流，mm。

渗流流失的溶解态氮负荷计算公式为

$$NO_{3perc,ly}=conc_{NO_3,mobile}\times W_{perc,ly} \tag{5.18}$$

式中：$NO_{3perc,ly}$为通过渗流流失的硝态氮，kg/hm²；$conc_{NO_3,mobile}$为自由水的硝态氮浓度，kg/mm；$W_{perc,ly}$为渗流，mm。

(2) 吸附态有机氮。有机氮通常吸附在土壤颗粒上，并随地表径流运移到主河道，这种形式的氮负荷与土壤流失量密切相关。1976年McElroy等开发了有机氮随土壤流失迁移的负荷函数，1978年Williams和Hann对其进行了修正，计算公式为

$$orgN_{surf}=0.001\times conc_{orgN}\times\frac{sed}{area_{hru}}\times\varepsilon_{N:sed} \tag{5.19}$$

式中：$orgN_{surf}$为由地表径流传输到主干河道的有机氮量，kg N/hm²；$conc_{orgN}$为土壤表层10mm的有机氮浓度，g N/t；sed为给定日的沉积量，t；$area_{hru}$为水文响应单元的面积，hm²；$\varepsilon_{N:sed}$为氮的富集系数，即土壤流失的有机氮浓度与土壤表层有机氮浓度的比值，其计算公式为

$$\varepsilon_{N:sed}=0.78(conc_{sed,surf})^{-0.2468} \tag{5.20}$$

式中：$conc_{sed,surq}$为地表径流中的泥沙含量，即

$$conc_{sed,surq}=\frac{sed}{10\times area_{hru}\times Q_{surf}} \tag{5.21}$$

2. 磷负荷模型

(1) 溶解态磷。溶解态磷在土壤中的迁移主要通过扩散作用实现。扩散指的是离子在微小尺度下（1～2mm）由于浓度梯度而引起的溶质迁移。由于溶解态磷不很活跃，因此通过地表径流方式带走的土壤表层（10mm）可溶性磷的量很少，地表径流溶解态磷的计算公式为

$$P_{surf}=\frac{P_{solution,surf}\times Q_{surf}}{\rho_b\times depth_{surf}\times k_{d,surf}} \tag{5.22}$$

式中：P_{surf}为随地表径流流失的可溶性磷的量，kg P/hm²；$P_{solution,surf}$为溶解在土壤表层（10mm）的磷含量，kg P/hm²；Q_{surf}为给定日的地表径流量，mm H_2O；ρ_b为土壤表层（10mm）的容重，mg/m³；$depth_{surf}$为土壤表层（10mm）的深度，mm；$k_{d,surf}$为土壤

磷的分配系数，m^3/mg，即土壤表层（10mm）中溶解态磷的浓度与地表径流中溶解态磷的浓度比值。

（2）吸附态有机磷和矿物磷。有机磷和矿物磷通常吸附在土壤颗粒上通过地表径流迁移的，这种形式的磷负荷与土壤流失量密切相关，土壤流失量直接反映了有机磷和矿物磷负荷。1976 年，McElroy 等开发了有机磷和矿物磷随土壤流失输移的负荷函数，1978 年 Williams 和 Hann 对其进行了修正，计算公式为

$$sedP_{surf}=0.001\times conc_{orgP}\times\frac{sed}{area_{hru}}\times\varepsilon_{P:sed} \tag{5.23}$$

式中：$sedP_{surf}$为地表径流中有机磷的流失量，kg P/hm^2；$conc_{orgP}$为土壤表层 10mm 吸附的颗粒态磷浓度，g P/t；sed 为给定日的土壤流失量，t；$area_{hru}$为水文响应单元的面积，hm^2；$\varepsilon_{P:sed}$为磷的富集系数。

3. 不同形态氮、磷循环过程

SWAT 模型中考虑了不同形态氮、磷的转化和传输过程，如图 5.2 所示。

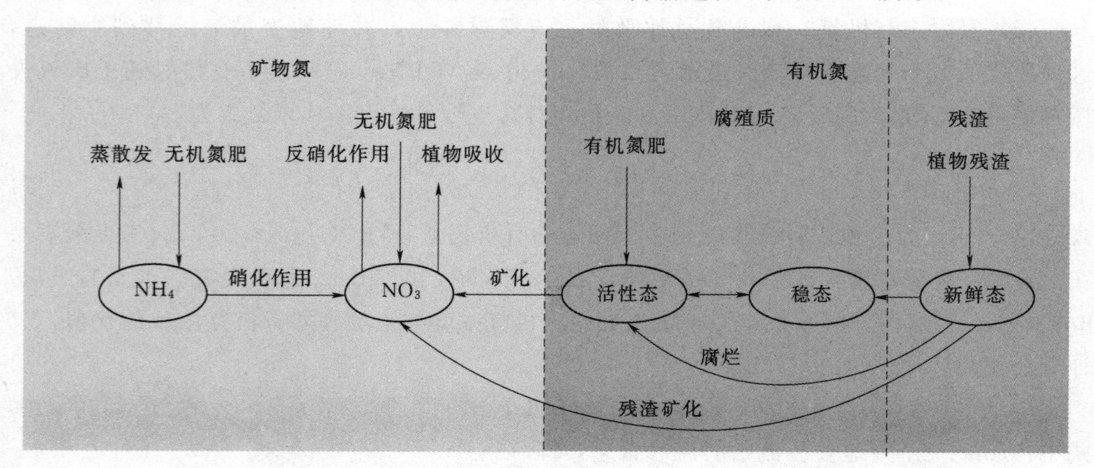

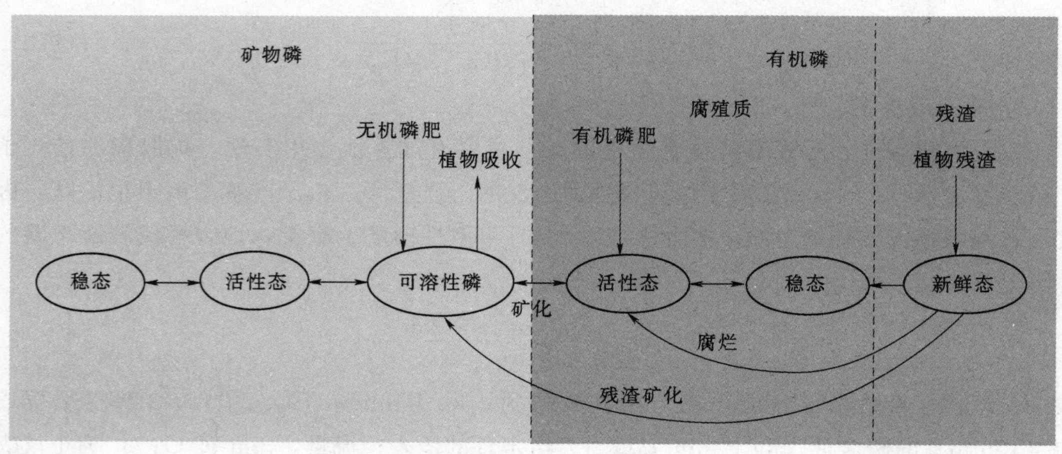

图 5.2　SWAT 模型中氮、磷循环过程

(1) 氮循环的主要过程模拟。

1) 矿化。

$$N_{trns,ly}=\beta_{trns}\cdot orgN_{act,ly}\cdot\left(\frac{1}{fr_{actN}}-1\right)-orgN_{sta,ly} \tag{5.24}$$

式中：$N_{trns,ly}$为氮在活性态和有机稳态之间转化的量，kg N/hm^2；β_{trns}为常数率，1×10^{-5}；$orgN_{act,ly}$为活性有机态的量，kg N/hm^2；fr_{actN}为腐殖质在活性态氮中的比例，0.02；$orgN_{sta,ly}$为氮在稳定有机态中的量，kg N/hm^2。

2) 硝化。

$$N_{nit|vol,ly}=NH_{4ly}\cdot(1-\exp[-\eta_{nit,ly}-\eta_{vol,ly}]) \tag{5.25}$$

式中：$N_{nit|vol,ly}$为土壤层 ly 中通过硝化和挥发转化的氨态氮的总量，kg N/hm^2；NH_{4ly}为土壤层 ly 中的氨氮量，kg N/hm^2；$\eta_{nit,ly}$为硝化的调整系数；$\eta_{vol,ly}$为挥发系数。

3) 脱硝作用。

$$\begin{cases}N_{denit,ly}=NO_{3ly}\cdot(1-\exp[-1.4\gamma_{tmp,ly}\cdot orgC_{ly}]),\gamma_{sw,ly}\geqslant0.95\\ N_{denit,ly}=0.0, \quad \gamma_{sw,ly}<0.95\end{cases} \tag{5.26}$$

式中：$N_{denit,ly}$为脱硝的氮损失，kg N/hm^2；NO_{3ly}为在土壤层 ly 的硝酸盐量，kg N/hm^2；$\gamma_{tmp,ly}$为土壤层 ly 的氮循环温度影响因子；$\gamma_{sw,ly}$为土壤层 ly 的氮循环水影响因子；$orgC_{ly}$为该层的有机碳量，%。

(2) 磷循环的主要过程模拟。

1) 腐殖质矿化。

$$orgP_{act,ly}=orgP_{hum,ly}\cdot\frac{orgN_{act,ly}}{orgN_{act,ly}+orgN_{sta,ly}} \tag{5.27}$$

$$orgP_{sta,ly}=orgP_{hum,ly}\cdot\frac{orgN_{sta,ly}}{orgN_{act,ly}+orgN_{sta,ly}} \tag{5.28}$$

式中：$orgP_{act,ly}$为磷有机活性态的量，kg P/hm^2；$orgP_{sta,ly}$为磷有机稳态的量，kg P/hm^2；$orgP_{hum,ly}$为土壤层 ly 的腐殖质有机磷的浓度，kg P/hm^2；$orgN_{act,ly}$为氮有机活性态的量，kg P/hm^2；$orgN_{sta,ly}$为氮有机稳态的量，kg P/hm^2。

$$P_{mina,ly}=1.4\beta_{min}\cdot(\gamma_{tmp,ly}\cdot\gamma_{sw,ly})^{1/2}\cdot orgP_{act,ly} \tag{5.29}$$

式中：$P_{mina,ly}$为土壤层 ly 中从腐殖质有机活性态矿化的磷的量，kg P/hm^2；β_{min}为腐殖质活性态有机营养的矿化系数；$\gamma_{tmp,ly}$和$\gamma_{sw,ly}$的意义同式 (5.26)。

2) 无机磷的吸附。磷的可用指数的计算公式为

$$P_{ai}=\frac{P_{solution,f}-P_{solution,i}}{fert_{minP}} \tag{5.30}$$

式中：P_{ai}为磷的可用指数；$P_{solution,f}$为施肥以后溶解磷的量；$P_{solution,i}$为施肥前溶解磷的量；$fert_{minP}$为施肥中溶解磷的量。

$$\begin{cases} P_{sol|act,ly}=P_{solution,ly}-\min P_{act,ly}\cdot\left(\dfrac{P_{ai}}{1-P_{ai}}\right), & P_{solution,ly}>\min P_{act,ly}\cdot\left(\dfrac{P_{ai}}{1-P_{ai}}\right) \\ P_{sol|act,ly}=0.1\left[P_{solution,ly}-\min P_{act,ly}\cdot\left(\dfrac{P_{ai}}{1-P_{ai}}\right)\right], & P_{solution,ly}\leqslant\min P_{act,ly}\cdot\left(\dfrac{P_{ai}}{1-P_{ai}}\right) \end{cases} \quad (5.31)$$

式中：$P_{sol|act,ly}$为土壤层 ly 中可溶性磷和活性态矿物磷之间的转化量，kg P/hm²；$P_{solution,ly}$为土壤层 ly 中可溶性磷的含量，kg P/hm²；$\min P_{act,ly}$为土壤层 ly 中活性态矿物磷的含量，kg P/hm²；P_{ai}意义同式（5.30）。

5.1.3　模型运行流程

SWAT 模型的运行主要包括下面 10 个步骤。

（1）调入 DEM，确定流域边界。

（2）基于 DEM 提取水系或者“刻入”（burn in）河网实际水系，编辑子流域出水口及流域总出水口节点位置。

（3）基于 DEM 和河网水系对研究区进行空间离散化处理，划分子流域（sub - basins）。

（4）添加土地利用和土壤数据，对坡度进行分类（SWAT2005 版本新增），然后根据设置的最小土地利用和土壤面积的比例划分水文响应单元（HRUs）。

（5）确定气象站位置，添加气象资料（包括降水、最高/最低温度、平均风速、相对湿度等），也可以利用模型自带的“天气生成器”（weather generator）自动生成。

（6）编辑子流域信息，包括植被、土壤物理和化学属性、农业轮作制度等。

（7）设置模拟时段及时间步长，运行模型。

（8）进行参数敏感性分析。

（9）自动或手动率定参数。

（10）模拟结果输出及模型有效性的验证。

5.2　香溪河流域非点源污染模型构建

分布式非点源污染模型 SWAT 运行需要大量的空间与非空间数据。其中，空间数据表现了地理空间实体的位置、大小、形状、方向以及几何拓扑关系；非空间数据即属性数据，主要是对空间数据的补充说明，表现了空间属性以外的其他属性特征。由于流域内部的地理要素和地理过程（地形、土壤、降水、植被和土地利用等）在时间和空间上存在异质性（heterogeneity）和变异性（variability），故使得建模所需数据量十分庞大，处理工作相当繁琐。而“3S”技术的引入使得对大尺度流域空间及非空间信息的采集、分析、处理和管理成为可能。因此，借助 GIS 建立流域的空间和非空间背景数据库，是进行流域非点源污染负荷数值模拟的基础。

本书对研究过程中涉及的栅格数据（地形、土壤等）和矢量数据（流域边界、河网水系等）的处理主要基于 ArcGIS 9.2 软件和配套的水文模块，对非空间数据（水文、气象等）

的处理主要利用 Microsoft Office 2007 的 Excel、Access 组件及 Visual Foxpro 7.0 软件完成。其中，矢量数据通常以 .shp 文件存储，栅格数据以 GRID 格式存储，并且都有与之相对应的描述其地理属性的二维表格文件（.DBF）。此外，本数据库中所有空间数据的投影方式均采用 ALBERT 等积圆锥投影，栅格数据的空间分辨率统一设置为 50m×50m。

5.2.1 地形数据

1. 数字化高程模型

数字高程模型（DEM）是地表单元上高程的集合，DEM 数据是进行流域水系划分和提取地形特征参数（如坡度、坡长、流向等）的基础。本研究所用 DEM 数据来源于 SRTM 30m Digital Elevation Date（http：//srtm.csi.cgiar.org/），数据分辨率为 30m×30m。在 ArcGIS 9.2 中，经洼地填充、流域界线切边等步骤最终得到研究区域的数字化高程模型，如图 5.3 所示。从图中可以看出，香溪河流域高程介于 100～3088m 之间，最大高程差接近 3000m，其中，位于流域西北部的神农架林区海拔较高，而海拔低的地方基本都是内河道。

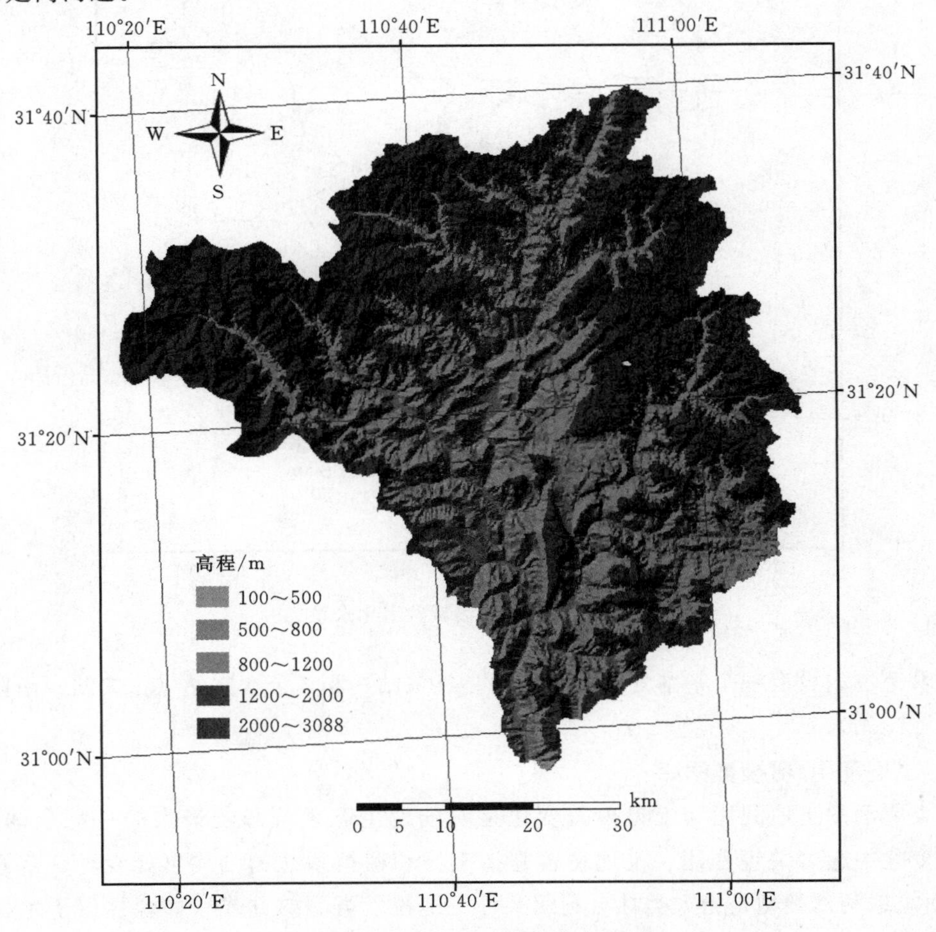

图 5.3　香溪河流域数字化高程图

2. 数字化河网

流域河网数据的获得主要有两种途径：一是由DEM直接提取；二是以地形图为背景通过数字化得到。从图5.4中可以看出，DEM提取的水系（蓝线）比实际水系（黑线）要短，且缺少部分支流水系的信息，但主要水系吻合效果较好，提取的水系能够体现香溪河流域水系的总体特征，由此认为DEM提取的水系有效。

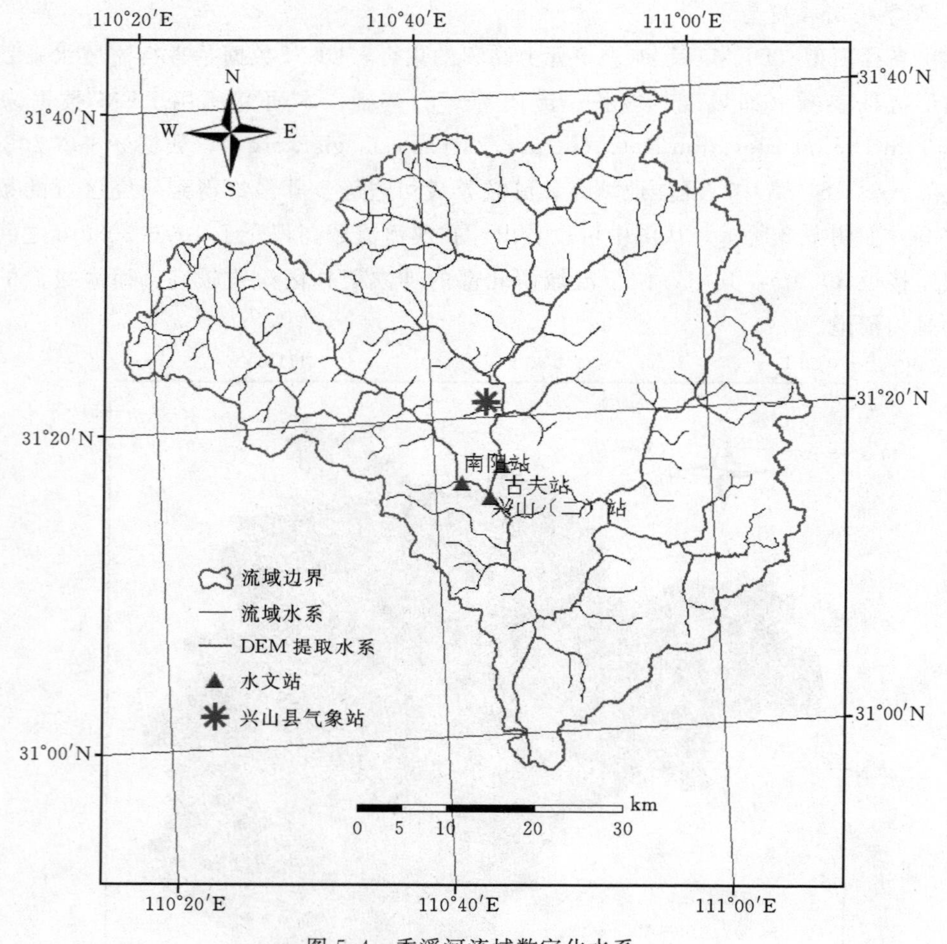

图5.4　香溪河流域数字化水系

流域范围内设有一个基本气象站（兴山县气象站）和3个水文站（古夫站、南阳站和兴山（二）站）。

5.2.2　土地利用/覆被数据库

人类驱动的土地利用和土地覆盖变化是对陆地生态系统影响最大的一种全球变化，在环境变化中起着关键作用。土地覆盖是指土壤和植被系统的结构（如森林、草原、耕地），而土地利用类型是指人类社会利用某种土地覆盖类型的方式（如森林用于木材生产或环境保护、耕地用于种植农作物等）。

1. 土地利用数据库

土地利用的空间分布是SWAT模型的重要输入数据，本研究区的土地利用数据主要通过解译卫片资料获得，数据分辨率为10m×10m，解译结果如图5.5所示。

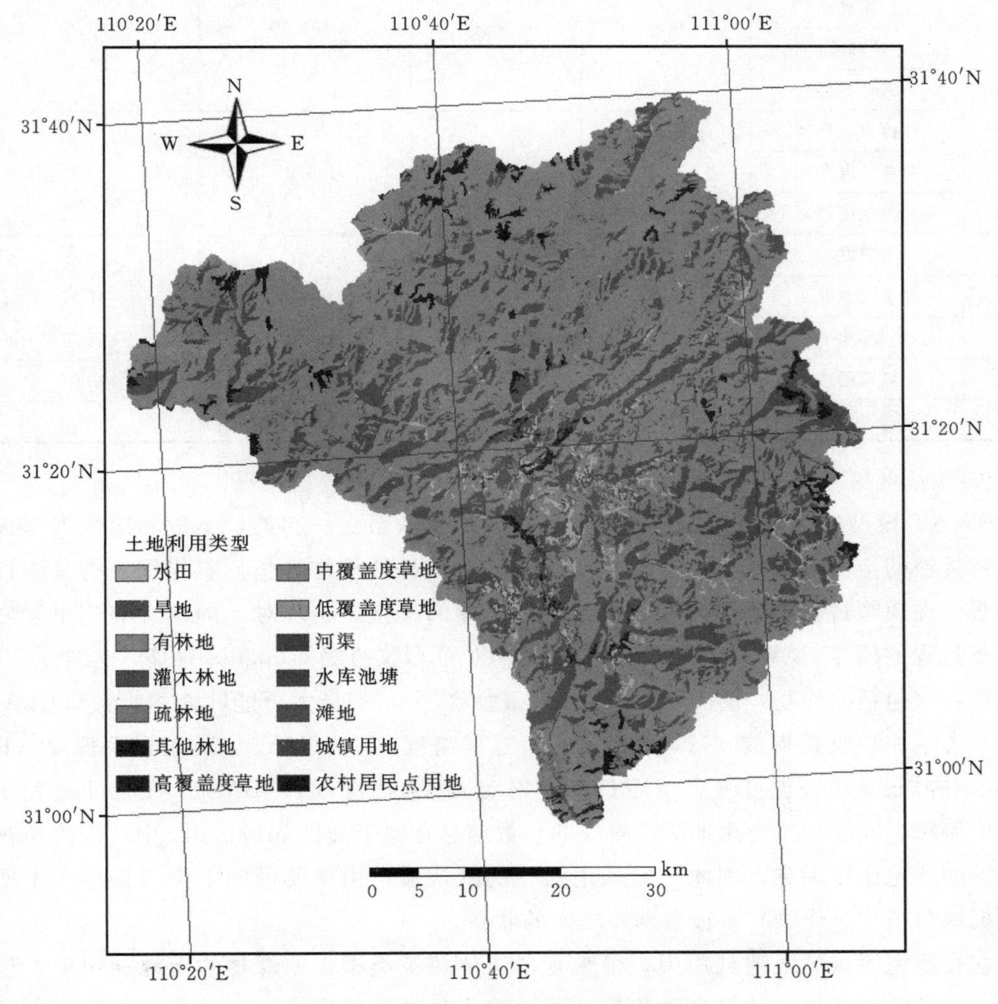

图5.5 香溪河流域土地利用分类

根据本书的研究目的，对研究区域原来的土地利用类型进行了重新分类和编码，最终形成了香溪河流域的7种土地利用类型，即水田、旱地、林地、草地、城镇用地、农村居民点用地和水域，各地类面积及所占面积比例见表5.1。

表5.1 香溪河流域土地利用重新分类和编码

原始分类和编码		重新分类和编码		所占面积/km^2	占总面积比例/%
11	水田	水田	RICE	56.98	1.78
12	旱地	旱地	DYRL	181.31	5.68

续表

原始分类和编码		重新分类和编码		所占面积/km^2	占总面积比例/%
21	有林地	林地	FRST	2780.19	87.04
22	灌木林地				
23	疏林地				
24	其他林地				
31	高覆盖度草地	草地	RNGE	165.82	5.19
32	中覆盖度草地				
33	低覆盖度草地				
41	河渠	水域	WATR	8.49	0.27
43	水库池塘				
46	滩地				
51	城镇用地	城镇用地	URHD	0.68	0.02
52	农村居民点用地	农村用地	URLD	0.81	0.03

2. 植被数据库

SWAT模型的植被数据库是和土地利用数据库联系在一起的，土地利用数据库提供了植物覆被的空间分布情况，而植被数据库则提供各种植物（包括农作物）的基本性状和参数。在模拟过程中，用户通过对两个数据库的连接，实现对不同水文响应单元内植物生长过程的模拟。SWAT模型自带的植被数据库以文件名crop.dbf存储，包含了59种常见植物（包括农作物）的17个生长信息和参数[128]，如最大可能叶面积指数（BLAI）、理想状态下作物收获指数（HVSTI）、最大冠层高度（CHTMY）、最大根系深度（RD-MX）、作物最佳生长温度（T_OPT）、作物生长基点温度（T_BASE）等。土地利用数据库中城镇、农村和工业用地等所对应的参数信息存储于文件urban.dbf中。因为植物生长参数的测定比较困难，因此一般采用模型的默认值，用户要做的工作仅是建立土地利用数据库与植物（作物）覆被数据库之间的联系。

在香溪河流域的土地利用中，很难有单一的植被类型，如森林的土地利用中，包含了落叶、常绿阔叶混交林等多种优势植被；农作物的种植模式，一般为一年两熟水稻或水稻和小麦轮作。因此，在模型应用过程中对植被数据的处理主要采用赖格英[91]简化的权重法。

表5.2中列出了香溪河流域各种土地利用类型所对应的植物（作物）类型及重新编码，表中的原始编码为SWAT模型自带的植被数据库中的编码。

表5.2　　植被数据对照表

土地利用类型	SWAT数据库中的植被类型	原始编码	重新编码
水田	水稻	RICE	RICE
旱地	玉米、油菜	SOYB、RAPE	DYRL

续表

土地利用类型	SWAT数据库中的植被类型	原始编码	重新编码
林地	混交林	FRST	FRST
草地	草地	RNGE	RNGE
水域	水体	WATR	WATR
城镇用地	高密度居民地	URHD	URHD
农村居民点用地	低密度居民地	URLD	URLD

5.2.3 土壤数据库

土壤是流域地表过程的重要媒介，其物理属性决定了土壤剖面水和空气的运动，对水文响应单位中的水循环影响很大，土壤的化学属性主要影响营养物质氮、磷的初始值。其中，土壤的物理属性是必需的，化学属性是可选的，土壤输入文件.sol为土壤各层定义了模型模拟过程所需要的物理属性，.chm文件为土壤各层定义了所需要的化学属性。

本研究区的数字化土壤图及其属性数据均来源于中国科学院南京土壤研究所1∶100万土壤数据库[129]。该数据库根据全国土壤普查办公室1995年编制并出版的《1∶100万中华人民共和国土壤图》（始于1979年，1994年结束，历时16年），采用了中国土壤发生分类系统，基本制图单元为亚类，共分出12个土纲，61个土类，227个亚类。数据库主要由两部分内容组成，即土壤空间数据和土壤属性数据，这是目前应用最为广泛的全国性数字化土壤数据库。

1. 土壤组成及空间分布

根据1∶100万土壤空间数据库，香溪河流域的土壤组成包括石灰土、紫色土、水稻土、黄壤、黄棕壤、棕壤和暗棕壤共7类，各土类面积及所占面积比例见表5.3。

表5.3　香溪河流域土壤类型重新分类和编码

原始分类和编码		重新分类和编码		所占面积/km²	占总面积的比例/%
黑色石灰土	23115153	石灰土	S1	1326.90	41.49
棕色石灰土	23115154				
酸性紫色土	23115172	紫色土	S2	175.32	5.48
中性紫色土	23115173				
石灰性紫色土	23115174				
水稻土	23119101	水稻土	S3	8.13	0.25
潴育水稻土	23119102				
黄壤	23121131	黄壤	S4	145	4.53
黄壤性土	23121134				
黄棕壤	23110121	黄棕壤	S5	1178.18	36.84
暗黄棕壤	23110122				
黄棕壤性土	23110123				

续表

原始分类和编码		重新分类和编码		所占面积/km²	占总面积的比例/%
棕壤	23110141	棕壤	S6	269.64	8.43
棕壤性土	23110144				
暗棕壤	23110151	暗棕壤	S7	94.58	2.96

图 5.6 所示为流域土壤类型空间分布。从图中可以看出，香溪河流域土壤类型主要以石灰土和黄棕壤为主，主要分布在流域中部；其次是棕壤，主要分布在流域上游；紫色土则集中分布在香溪河干流的左岸。各种土壤类型所占面积比例见本书第 2 章表 2.2。

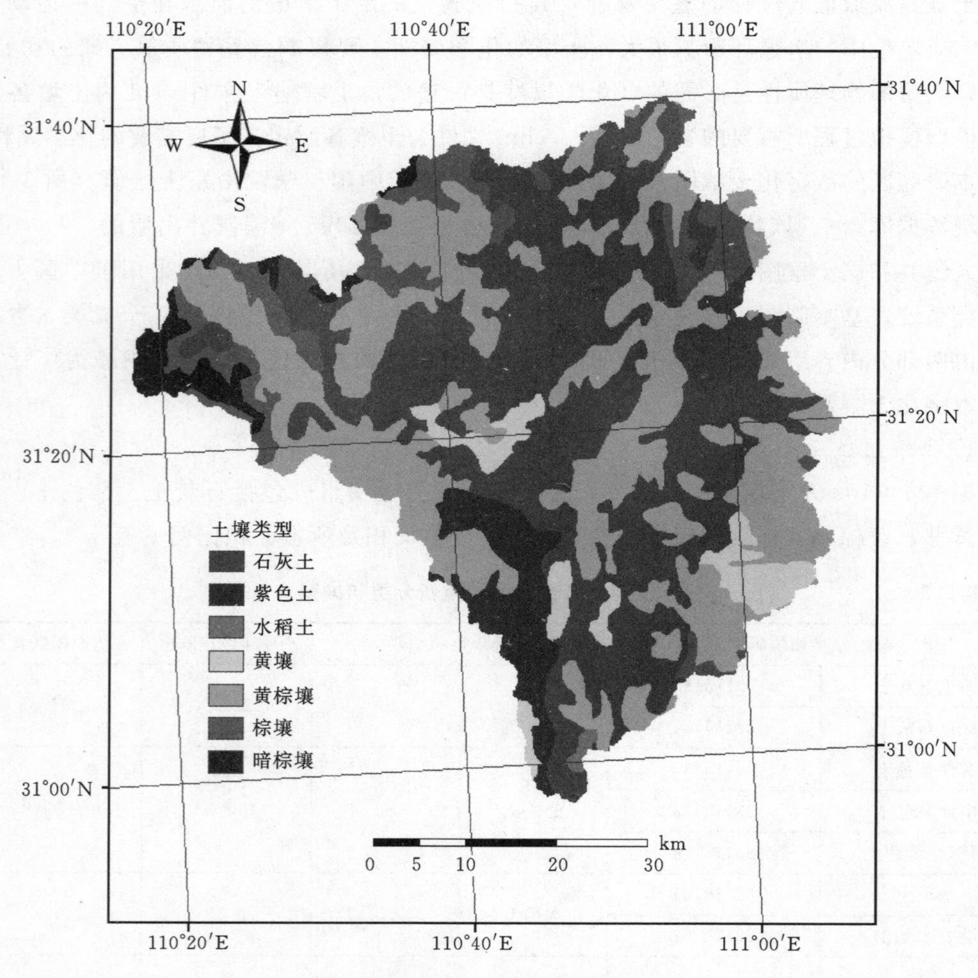

图 5.6　香溪河流域土壤空间分布

2. 土壤用户数据库

(1) 土壤物理属性数据库。SWAT 模型中，土壤用户数据库是一个非常重要的表格式数据库。包含了不同土壤剖面的 18 个土壤物理参数，即土壤数据名称（SNAM：

SWAT模型中采用的变量代号，下同)、土壤水文单元组（HYDGRP)、土壤剖面最大根系深度（SOL _ ZMX)、土壤阴离子交换孔隙度（ANION _ EXCL，模型默认值为0.5)、土壤空隙度（SOL _ CRK)、土壤结构（TEXTURE)、土壤层厚度（SOL _ Z)、土壤容重（SOL _ BD)、土壤可利用的有效水量（SOL _ AWC)、饱和水力传导系数（SOL _ K)、土壤有机碳含量（SOL _ CBN)、土壤粒径组成（黏粒CLAY、粉砂SILT、砂粒SAND、砾石ROCK)、地表反射率（SOL _ ALB)、土壤可蚀性因子（USLE _ K）和电导率（SOL _ EC)。

下面对涉及的上述土壤属性参数的推求方法和计算过程进行简单介绍。

1）土壤粒径组成。1：100万土壤数据库中采用的土壤粒径级配标准是USDA简化的美制标准，即CLAY（＜0.002mm)、SILT（0.002～0.05mm)、SAND（0.05～2.0mm)、ROCK（＞2mm)，与SWAT模型选用的标准相一致，因此无需进行质地转换，可以直接确定CLAY、SILT、SAND、ROCK这4个参数。

2）土壤水文单元组（HYDGRP)。根据SWAT用户使用手册，土壤水文单元组的划分标准沿用的是美国国家资源保护局（Natural Resource Conservation Service，NRCS)的标准，主要按照土壤渗透特性分成A、B、C、D等4组，其特性及划分标准见表5.4。

表5.4　土壤水文单元分组标准

标　　准	土壤水文单元渗透率			
	A	B	C	D
最终常数渗透率/(mm/h)	7.6～11.4	3.8～7.6	1.3～3.8	0～1.3
平均渗透率：地表层/(mm/h)	＞254.0	84.0～254.0	8.4～84.0	＜8.4
平均渗透率：地表层以下至1.0m深度土壤层，该层土壤会最大程度限制渗透	＞254.0	84.0～254.0	8.4～84.0	＜8.4
收缩—膨胀位：最大程度限制渗透的土壤层	低	低	适中	高，很高
基岩深度/mm	＞1016	＞508	＞508	＜508
混合水文组	A/D	B/D	C/D	

注　A：在完全湿润条件下，土壤具有较高的渗透率，主要由砂砾组成，有很好的排水导水能力。
B：在完全湿润条件下，土壤具有中等程度的渗透率。
C：在完全湿润条件下，土壤具有较低的渗透率。
D：在完全湿润条件下，土壤具有最低的渗透率，主要由黏土组成，膨胀系数大，土壤具有持久的保水能力，排水导水能力低。

3）土壤有机碳（SOL _ CBN)。根据SWAT用户使用手册，土壤有机碳OrgC可由土壤有机质含量OM计算得到，公式为

$$\mathrm{OrgC}=\frac{\mathrm{OM}}{1.72} \tag{5.32}$$

SOL _ BD、SOL _ AWC和SOL _ K这3个参数值可由软件SPAW 6.02版本（图5.7）中的SWCT（Soil Water Characteristics for Texture）模块计算得到。将黏粒（%)、粉砂（%)、砂粒（%)、砾石（%)、有机质（%)、盐度等变量输入到该模块中，还可

以得到以下5个变量：①凋萎系数（凋萎点）（Wilting Point）（%Vol）；②田间持水量（Field Capacity）（%Vol）；③饱和度（Saturation）（%Vol）；④土壤容重（Matric Bulk Density）（g/cm^3）；⑤饱和水汽压导水率（Saturation Hydraulic Conduction）（mm/hr）。由变量①和②代入下面的公式可以得到逐层的土壤可利用的有效水量，SOL _ AWC＝FC－WP，其中FC为田间持水量，WP为凋萎系数[130]。

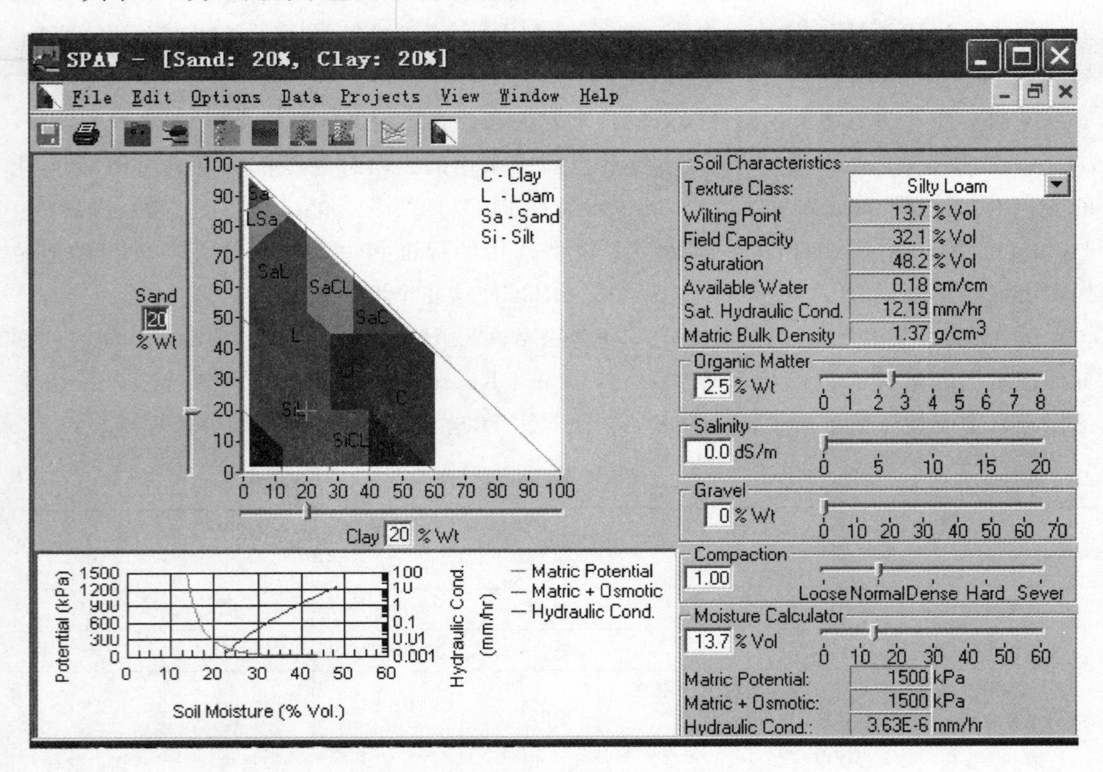

图5.7 SPAW 6.02运行界面

4）土壤可蚀性参数（USLE _ K）。土壤可蚀性参数的计算参照ArcSWAT用户手册中的公式，即

$$KUSLE = f_{csand} f_{cl-si} f_{corgc} f_{hisand} \tag{5.33}$$

式中：f_{csand}为土壤侵蚀能力系数，当土壤粗颗粒砂粒含量高时赋低值，相反则赋高值。计算公式为

$$f_{csand} = \left\{0.2 + 0.3 \cdot \exp\left[-0.0256 \cdot m_s \cdot \left(1 - \frac{m_{silt}}{100}\right)\right]\right\} \tag{5.34}$$

式中：m_s为砂粒的含量（粒径为0.05～2.0mm）；m_{silt}为粉砂的含量（粒径为0.002～0.05mm）。

f_{cl-si}为根据土壤中黏粒与粉砂的比例进行调整的系数，比例高时赋低值，比例低时赋高值。计算公式为

$$f_{\mathrm{cl-si}}=\left(\frac{m_{\mathrm{silt}}}{m_{\mathrm{c}}+m_{\mathrm{silt}}}\right)^{0.3} \tag{5.35}$$

式中：m_c 为黏粒的含量（粒径小于 0.002mm）。

f_{corgc}为反映土壤侵蚀能力与土壤有机质含量之间关系的系数，当土壤有机质含量高时，给该系数赋低值，相反则赋高值。计算公式为

$$f_{\mathrm{corgc}}=\left(1-\frac{0.25\cdot \mathrm{orgC}}{\mathrm{orgC}+\exp[3.72-2.95\cdot \mathrm{orgC}]}\right) \tag{5.36}$$

f_{hisand}为反映土壤侵蚀能力与土壤砂粒含量之间关系的系数，当土壤砂粒含量极高时，土壤的侵蚀能力降低，计算公式为

$$f_{\mathrm{hisand}}=\left[1-\frac{0.7\cdot\left(1-\frac{m_{\mathrm{s}}}{100}\right)}{\left(1-\frac{m_{\mathrm{s}}}{100}\right)+\exp\left[-5.51+22.9\cdot\left(1-\frac{m_{\mathrm{s}}}{100}\right)\right]}\right] \tag{5.37}$$

5）土壤反照率（SOL _ ALB）。反照率一般结合土壤类型和植被特征来估算。反照率随自然条件而异，季节变化范围很大，植物的生长、植被特性的变化、土地利用方式等都可使反照率改变，以致使反照率的精确计算成为极复杂的问题。一般而言，林地的反照率介于 0.1～0.2 之间，水稻、小麦地介于 0.10～0.25 之间，草地介于 0.15～0.25 之间[131]。这些变量统一存放在 SWAT 的土壤用户数据库中，文件名为 usersoil. dbf。

（2）土壤化学数据库。土壤化学数据库是营养物质输移模拟的重要边界条件之一，是构成流域土壤营养盐本底的重要数据。主要包括土壤中的 NO_3 含量（SOL _ NO_3）、有机氮含量（SOL _ ORGN）、可溶性磷含量（SOL _ LABP）和有机磷含量（SOL _ ORGP）。因为无机氮在土壤氮含量中所占比例甚少，而有机氮约占土壤全氮的 97%～98%[132]，因此，在建立土壤化学数据库时，可以将总氮作为有机氮、速效磷作为可溶性磷来处理。土壤中的含磷物质可以分为有机磷和无机磷两大类，因为我国大部分土壤的有机磷含量占土壤全磷总含量的 20%～40%[133]，故可以将土壤中有机磷含量按总磷含量的 30%进行计算。根据 SWAT 模型的要求，土壤化学属性的单位均设定为 mg/kg，即百万分之一（$\times10^{-6}$）。

5.2.4 气象数据库

1. 气象站资料

气象数据是 SWAT 模型模拟的另一个重要边界条件。SWAT 模型涉及的气象指标主要包括逐日降水、最高/最低气温、风速、相对湿度和太阳辐射。这些指标可以是气象站点的监测值，也可以通过 SWAT 模型自带的“天气生成器（Weather Generator）”自动生成。本次研究所用的气象数据由宜昌市兴山县气象站提供，资料选用时段详见表 5.5。

表 5.5　　研究区气象站和雨量站基本信息表

站　名		站点位置	经度	纬度	观测场高度/m	资料选用时段
兴山县气象站		兴山县高阳镇	110°46′	31°14′	275.5	1990.1.1—2001.12.31
		兴山县古夫镇	110°44′	31°21′	263.1	2002.1.1—2009.12.31
名称	万碑	巴东县沿渡河镇茅圩坪	110°22′	31°18′	512.5	2001.1.1—2009.12.31
	陕西营	秭归县沙镇溪镇陕西营	110°37′	30°59′	225.7	2001.1.1—2009.12.31
	良斗河	秭归县水田坝乡上坝村	110°40′	31°05′	241.7	2001.1.1—2009.12.31
	水果园	神农架林区朝阳乡阳坡村	110°41′	31°39′	1205.7	2001.1.1—2009.12.31
	中阳垭	兴山县古夫镇中阳垭	110°45′	31°27′	1284.7	2001.1.1—2009.12.31
	青山	兴山县榛子乡中岭	110°53′	31°27′	1350.7	1990.1.1—2001.12.31
	张官店	兴山县榛子乡张官店	110°26′	31°27′	1354.7	2002.1.1—2009.12.31
	郑家坪	兴山县古夫镇郑家坪	110°45′	31°22′	468.2	2001.1.1—2009.12.31
	红花	神农架林区红花乡红花	110°29′	31°25′	826.7	2001.1.1—2009.12.31
	九冲	神农架林区红花乡梨树坪	110°34′	31°24′	687.7	2001.1.1—2009.12.31
	南阳河	兴山县南阳镇云盘村	110°40′	31°19′	214.7	2001.1.1—2009.12.31
	兴山	兴山县高阳镇皂角树	110°44	31°15′	189.7	2001.1.1—2009.12.31
	水月寺	兴山县水月寺镇水月寺	111°01′	31°14′	870.7	2001.1.1—2009.12.31
	峡口	兴山县峡口镇龚家村	110°47′	31°7′	180.7	2001.1.1—2009.12.31
	邓村	宜昌市夷陵区邓村	110°59′	30°59′	805.2	2001.1.1—2009.12.31

气象指标中太阳辐射的计算主要采用 Allen 等修正的 Hargreaves 方程，即

$$R_s = K_r \times (T_{max} - T_{min})^{0.5} R_a \tag{5.38}$$

式中：R_s 为补差的太阳辐射，MJ/(m^2 · d)；T_{max}、T_{min} 为最高气温和最低气温，℃；K_r 为调节系数，℃$^{-1/2}$，在内陆地区通常取 0.17，在沿海地区取 0.19[134]；R_a 为外空辐射，MJ/(m^2 · d)，参考文献［135］通过插值得到，计算结果见表 5.6。

表 5.6　　研究区各月外空辐射值 R_a　　单位：MJ/(m^2 · d)

月份	1月	2月	3月	4月	5月	6月	7月	8月	9月	10月	11月	12月
辐射值	15.3	19.0	24.2	28.7	30.8	32.0	31.3	28.8	24.8	20.5	16.2	14.2

2. 雨量站资料

为了更好地描述研究区范围内降雨的空间分布特征，减小由于降雨不均带来的空间差异，提高模型模拟的精度，本次研究选取了流域范围内的 15 个雨量站作为模型输入（各雨量站名称及坐标详见表 5.5），并采用泰森多边形法对雨量站进行分区，如图 5.8 所示。各区降雨量按照面积权重进行分配。

3. 气候特征数据库

SWAT 模型中气候特征数据库以 userwgn.dbf 为文件名存放在 SWAT 的安装目录下，供模型运行时调用。该数据库主要包括以下 14 个变量的逐月统计特征值。本次模拟

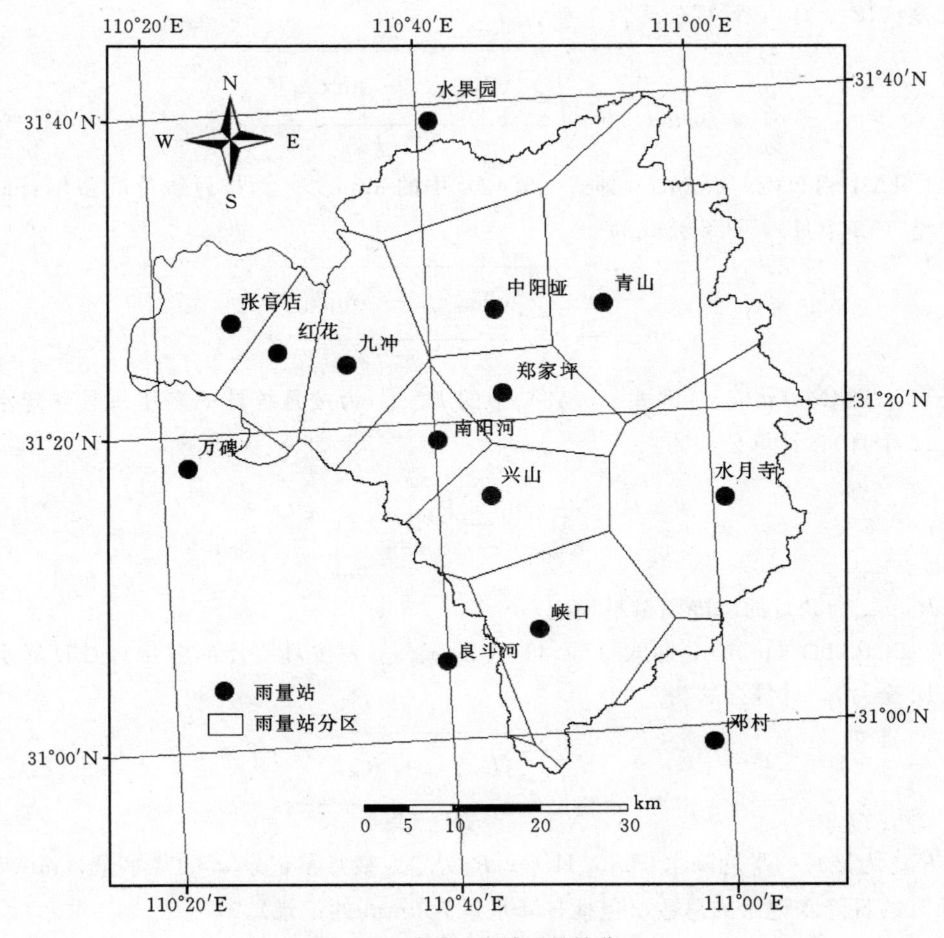

图 5.8 香溪河流域雨量站分区

共包括 1（气象站数目）×12（月数）×14（变量数）=168 个数值。

(1) TMPMX (mon)［即式 (5.39) 中的 μmx_{mon}］为按月统计的多年日最高气温平均值（12 个月），计算公式为

$$\mu mx_{mon}=\frac{\sum_{d=1}^{N}T_{mx,mon}}{N} \tag{5.39}$$

式中：$T_{mx,mon}$为某月的最高日平均气温；N 为该月的总天数。

(2) TMPMN (mon) 为按月统计的多年日最低气温平均值（12 个月），计算公式为

$$\mu mn_{mon}=\frac{\sum_{d=1}^{N}T_{mn,mon}}{N} \tag{5.40}$$

式中：$T_{mn,mon}$为某月的最低日平均气温；N 为该月的总天数。

(3) TMPSTDMX (mon)［即式 (5.41) 中的 σmx_{mon}］为按月统计的多年日最高气

温标准差（12 个月），计算公式为

$$\sigma mx_{mon}=\sqrt{\frac{\sum_{d=1}^{N}(T_{mx,mom}-\mu mx_{mon})^2}{N-1}} \tag{5.41}$$

（4）TMPSTDMN（mon）［即式（5.42）中的 σmn_{mon}］为按月统计的多年日最低气温标准差（12 个月），计算公式为

$$\sigma mn_{mon}=\sqrt{\frac{\sum_{d=1}^{N}(T_{mn,mom}-\mu mn_{mon})^2}{N-1}} \tag{5.42}$$

（5）PCPMM（mon）［即式（5.43）中的 $\overline{R}_{mon}$］为按月统计的多年每月总降水量平均值（12 个月），计算公式为

$$\overline{R}_{mon}=\frac{\sum_{d=1}^{N}R_{day,mon}}{yrs} \tag{5.43}$$

式中：$R_{day,mon}$ 为某月的总降雨量平均值。

（6）PCPSTD（mon）［即式（5.44）中的 σ_{mon}］为按月统计的多年每月日降水量标准差（12 个月），计算公式为

$$\sigma_{mon}=\sqrt{\frac{\sum_{d=1}^{N}(R_{day,mon}-\overline{R}_{mon})^2}{N-1}} \tag{5.44}$$

式中：$\overline{R}_{mon}$ 为该月的平均降水，mm H_2O；$R_{day,mon}$ 为某月某记录 d 的降水量，mm H_2O；N 为某月的日降水记录的总数（包括日降水量为 0mm 的记录）。

（7）PCPSKW（mon）［即式（5.45）中的 g_{mon}］为按月统计的多年日降水量的偏态参数（12 个月），计算公式为

$$g_{mon}=\frac{N\cdot\sum_{d=1}^{N}(R_{day,mon}-\overline{R}_{mon})^3}{(N-1)(N-2)(\sigma_{mon})^3} \tag{5.45}$$

式中：N 为某月的日降水的记录总数；$R_{day,mon}$ 为某月某记录日的降水量；$\overline{R}_{mon}$ 为月平均降水量；σ_{mon} 为某月的日降水量的标准差（日降水为 0 的记录计算在内）。

（8）PR _ W（1，mon）［即式（5.46）中的 P_i(W/D)］为按月统计的多年每月干燥天气转移到湿润天气（a wet day following a dry day）的概率（12 个月），计算公式为

$$P_i(\mathrm{W/D})=\frac{days_{W/D,i}}{days_{dry,i}} \tag{5.46}$$

式中：$days_{W/D,i}$ 为某月有雨日转移到无雨日的次数（其中，无雨日指降雨量为 0mm 的日子，而有雨日指降雨量多于 0mm 的日子）。

（9）PR _ W（2，mon）［即式（5.47）中的 P_i(W/W)］为按月统计的每月湿润天气

转移到干燥天气的概率（12个月），计算公式为

$$P_i(W/W)=\frac{days_{wet,i}}{days_{wet,i}} \tag{5.47}$$

（10）PCPD（mon）［即式（5.48）中的$\overline{d}_{wet,i}$］为按月统计的多年平均每月的降水天数（12个月），计算公式为

$$\overline{d}_{wet,i}=\frac{days_{wet,i}}{yrs} \tag{5.48}$$

式中：$days_{wet,i}$为整个统计期间某月的雨日天数；yrs为记录年数。

（11）RAINHHMX（mon）为按月统计的多年平均每月0.5h最大降雨量（12个月），该变量表示有记录期间30min降雨密度极值。

（12）SOLARAV（mon）［即式（5.49）中的μrad_{mon}］为按月统计的多年每月日平均太阳辐射值［MJ/(m²·d)］（12个月），计算公式为

$$\mu rad_{mon}=\frac{\sum_{d=1}^{N}H_{day,mon}}{N} \tag{5.49}$$

式中：$H_{day,mon}$为某月某日到达地球表面的总太阳辐射；N为某月的总天数。

（13）DEWPT为按月统计的多年月平均露点温度（12个月）。

露点温度是空气保持某一湿度必须达到的最低温度。当空气的温度低于露点时，空气容纳不了过多的水分，这些水分会变成雾、露水或霜。露点温度可以根据相对湿度和温度计算得出，计算公式为[136]

$$D_p=\frac{(0.66077-\lg EW)\times 237.3}{\lg EW-8.16077} \tag{5.50}$$

$$\lg EW=0.66077+\frac{7.5\times T}{237.3+T}+\lg RH-2 \tag{5.51}$$

式中：D_p为露点温度（dew point）；RH为相对湿度；T为空气温度。

14）WNDAV（mon）［即式（5.52）中的μwnd_{mon}］为按月统计的多年每月平均风速（m/s）（12个月），计算公式为

$$\mu wnd_{mon}=\frac{\sum_{d=1}^{N}\mu_{wnd,mon}}{N} \tag{5.52}$$

5.2.5 其他数据库

SWAT模型的另一些数据库是模型运行和调试所必需的，如水文/水质资料、农业管理等。

1. 水文/水质资料数据库

本次研究选择兴山（二）水文站2001—2007年的流量和泥沙数据用于对模型参数的率定，2008—2009年的数据用于对模拟结果的验证。研究区的水质资料主要依靠人工监测获得，监测范围包括香溪河库湾回水区及3条支流，监测时段分别为2009年2月至2010年8月和2009年9月至2010年8月，监测指标有总氮（TN）、硝酸盐氮（NO_3 -

N)、氨氮（NH_4-N）和总磷（TP）等，该资料可以用于对模型中水质模拟结果的验证。

2. 农业管理数据库

通过对香溪河流域农作物垦殖结构、施肥方式和施肥量的野外调查，得到流域范围内主要的农作物耕作模式（表 5.7）。

表 5.7　　香溪河流域农业管理数据库

作物类型		农作物轮作制度		
水田	水稻	种植时间	5 月	
		耕深	20cm	
		灌溉时间	除了晒苗，其他时间（5—8 月）保持 10cm 水位	
		施肥时间及施肥量	移栽前	氮肥 50kg/亩、钾肥 10kg/亩、磷肥 40kg/亩
			追肥	尿素 30kg/亩
		收割时间	9 月	
旱地	柑橘	种植时间	秋季或春季移栽	
		耕深	50cm	
		灌溉时间	下根后遇干旱适当浇水，成活后不需要	
		施肥时间及施肥量	3—4 月	有机-无机复混肥 1.5kg/棵
			6—7 月	尿素 0.15kg/棵
		收割时间	10—12 月（采摘）	
	茶树	种植时间	春天 3—4 月，或秋天 9—10 月	
		耕深	50cm	
		灌溉时间	下根后遇干旱适当浇水，成活后不需要	
		施肥时间及施肥量	12 月下旬至次年 1 月上旬	有机-无机复混肥 10kg/亩
			3 月中旬	尿素 30kg/亩
			6 月下旬至 7 月上旬	尿素 30kg/亩
		收割时间	春、夏、秋（采摘）	
	玉米-油菜轮作	种植时间	清明节前后至 10 月上旬 玉米	
		耕深	20cm	
		灌溉时间	5 月上旬	
		施肥时间及施肥量	5 月中旬	复合肥 30kg/亩、尿素 30kg/亩
		收割时间	10 月上旬	
		种植时间	10 月至次年 6 月　油菜	
		耕深	20cm	
		灌溉时间	10 月上旬	
		施肥时间及施肥量	10 月中旬	尿素 30kg/亩、磷肥 40kg/亩
		收割时间	6 月下旬	

5.3 香溪河流域空间离散化

5.3.1 模型空间离散化方法

流域的空间离散化是解决地理要素空间异质性和非均一性的有效手段，也是分布式水文模型研究的工作基础。目前，基于 DEM 的流域离散化方法主要有 3 种，即网格（grid）、坡面（hillslope）和子流域（subbasin）[107,137,138]。SWAT 模型采用的是子流域离散化，该方法的最大特点是，离散后的区域或流域可以保留原有的自然河道和流向。划分子流域是 SWAT 模型空间离散化的第一步，子流域不仅在流域中具有特定的地理位置，而且各子流域之间在空间上也是相互关联的。

在子流域划分的基础上，SWAT 模型进一步将其离散为至少一个水文响应单元（HRU）。按照 SWAT 模型对 HRU 的定义，水文响应单元是指拥有单一土地利用、土壤属性和管理方式的地域单元。水文响应单元可以分布在不同的地方，同一个水文响应单元的多个地块可以是连通的，也可以是不连通的。因为植物的生长、发育在种属之间存在很大的差异，因此引入 HRU 的概念可以兼顾流域内部植被覆盖的多样性，使得模型对流域营养盐负荷的估算更加准确。SWAT 模型在划分子流域和 HRU 时有一个基本的原则：可以划分较多的子流域，却不必在单个子流域内划分过多的 HRU，这样可以提高模拟的精度[137]。SWAT 模型对 HRU 的划分主要有两种方法：第一种是将每个子流域划分为一个 HRU，取比例最大的土地利用和土壤类型代表该子流域的土地利用和土壤类型；第二种是将每个子流域划分为若干个 HRU，HRU 的个数主要通过设置最小土地利用和最小土壤类型的比例这两个阈值来确定，如果子流域中某种土地利用或土壤类型所占比例低于其对应的阈值，那么该种土地利用或土壤类型将被合并到该子流域的其他土地利用或土壤类型中[137]。

5.3.2 香溪河流域空间离散化结果

本书选择第二种 HUR 划分方法，并根据研究区的实际情况将土地利用和土壤阈值统一设置为 10%。当集水面积阈值设置为 5000hm^2 时，全流域共划分为 34 个子流域（图 5.9）。与土地利用、土壤类型和坡度数据叠加后，34 个子流域最终被离散为 287 个水文响应单元。

图 5.10 所示为子流域汇流过程图，其中古夫河所辖子流域包括 1～6 号、9 号、10 号、13 号、14 号和 17 号共 11 个；南阳河所辖子流域包括 7 号、8 号、11 号、16 号和 18 号共 5 个；高岚河所辖子流域包括 12 号、15 号、20～26 号和 29 号共 10 个；香溪河干流所辖子流域包括 27 号、28 号、30～34 号共 7 个；子流域 19 号为兴山（二）水文站控制断面。按照子流域划分结果，计算得到的香溪河流域总面积约 3152km^2，其中兴山（二）水文站控制流域面积约 1830km^2，接近流域总面积的 60%，古夫河流域面积约 1170km^2，南阳河流域面积约 640km^2，高岚河流域面积约 900km^2；提取的香溪河干流（河口到响滩断面）长约 37km。

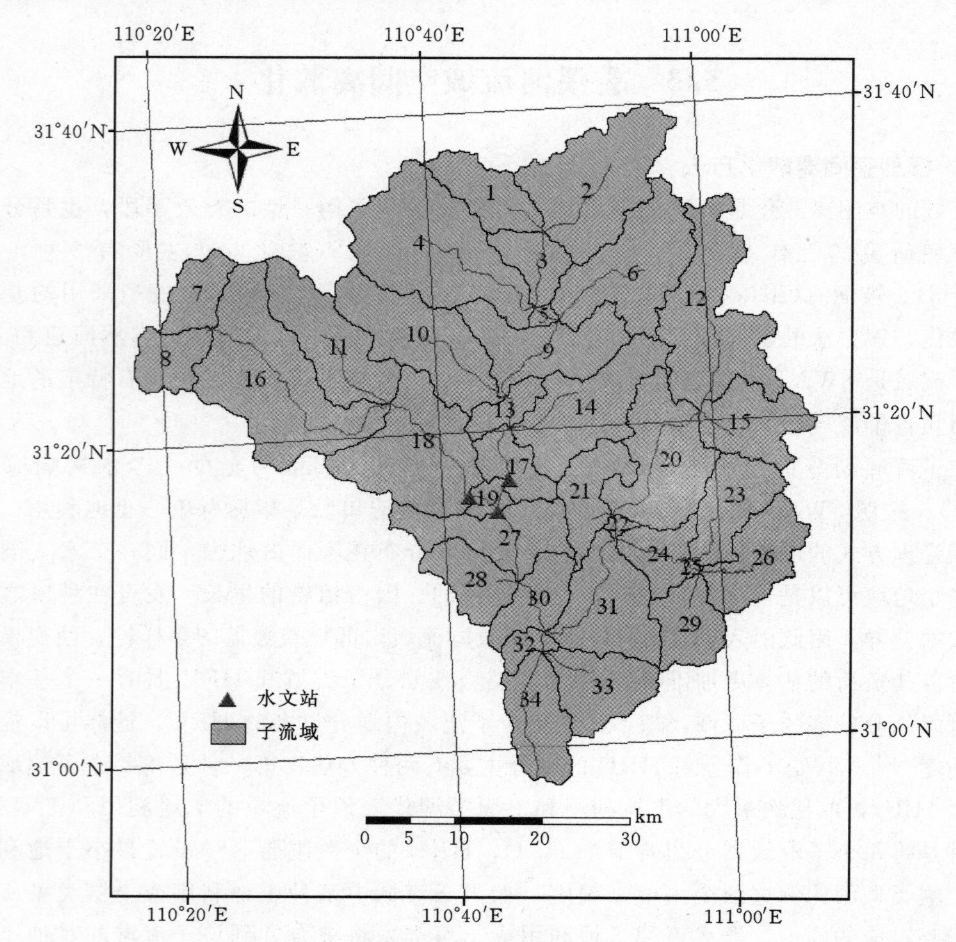

图 5.9　香溪河子流域空间离散化结果

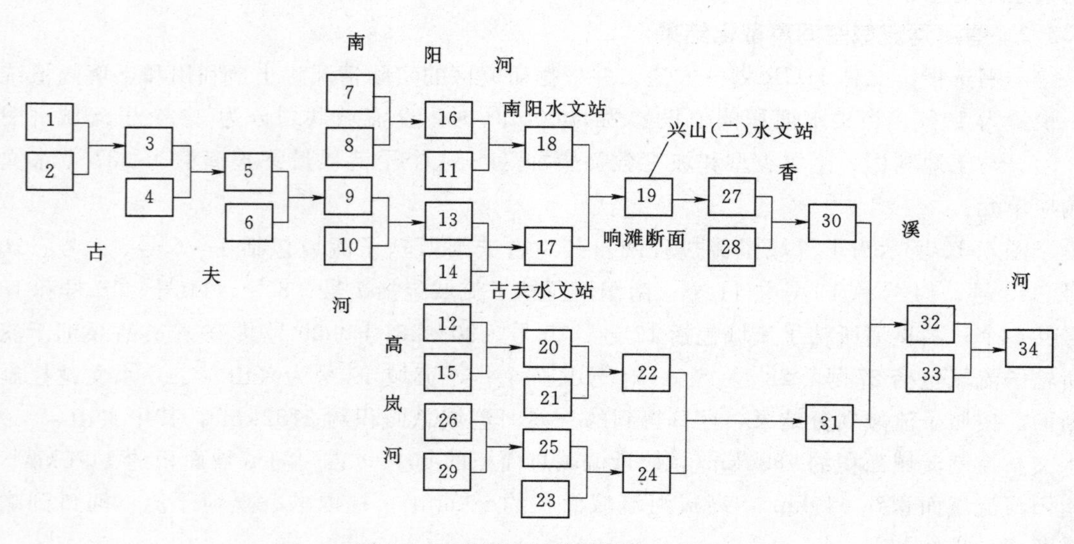

图 5.10　香溪河子流域汇流过程图

5.4 参数敏感性分析与模型有效性验证

5.4.1 参数敏感性分析

SWAT 模型输入参数众多，想要准确地应用模型需要首先了解模型参数的物理意义和取值范围。然而，由于参数的时空变异性，不可能对所有点的参数都进行现场实测，因此，在进行参数率定时要重点关注对输出结果敏感的参数，理解并掌握模型模拟的关键物理过程，以减少模拟结果的不确定性。本次研究对径流和泥沙的敏感性分析主要采用 ArcSWAT 自带的模块，该模块主要采用 Morris[139] 于 1991 年提出的 LH－OAT（Latin Hypercube One－factor－At－a－Time）算法对参数进行敏感性分析，自 SWAT 2005 版本开始该模块被添加到模型中。

LH－OAT 方法结合了 LH 采样技术和 OAT 敏感度分析方法，因而具有全局和局部分析法的长处。采用 LH－OAT 方法可以确保所有参数在其取值范围内均被采样，并且选出对模拟结果输出有重要影响的敏感参数，提高了计算效率[140,141]。其中，LH 抽样方法步骤如下：首先将每个参数分布空间等分为 N 份，则每个值域范围出现的可能性均为 $1/N$；其次是生成参数的随机值，并确保任一值域范围仅被抽样一次；最后将参数进行随机组合后运行模型 N 次，并将其结果进行多元线性回归分析。OAT 敏感性分析方法则是每改变一个参数值模型运行一次，即如果存在 M 个参数，则模型将会运行 $M+1$ 次，以获得每个参数的局部影响。鉴于模型某一特定输入参数的灵敏度大小可能会依赖于其他参数值的选取，因此模型需要以若干组输入参数重复运行，最终的灵敏度值是各局部灵敏度之和的平均值。LH－OAT 方法先执行 LH 采样，再进行 OAT 分析，采样路线见图 5.11。

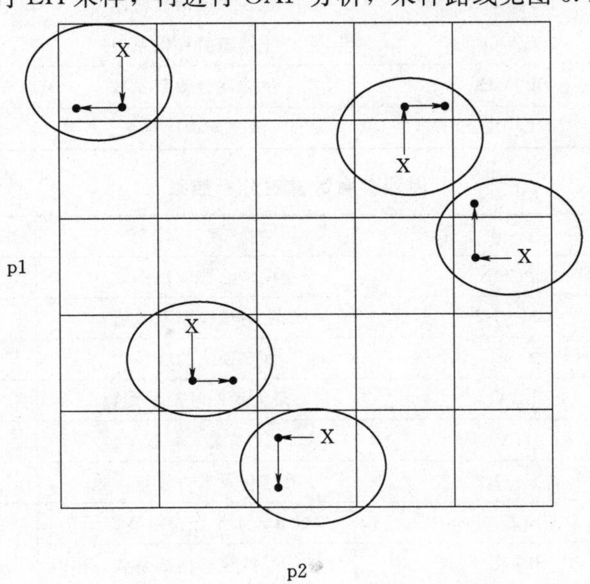

图 5.11 LH－OAT 方法采样路线图

本次研究选择兴山（二）水文站（图 5.9）2001—2009 年的实测径流和泥沙数据对 SWAT 模型中的相关参数进行敏感性分析，结果见表 5.8 和表 5.9，其中排序越靠前的表示其敏感性越强。考虑到模型参数的率定应根据研究区的实际情况，因此表中所列参数仅作为参考，实际率定过程中没有必要对每个参数逐一进行率定。

表 5.8　　径流参数敏感性分析结果

序号	参 数 名 称	物 理 意 义	所在文件名
1	ALPHA_BF	基流 α 系数	gw
2	GWQMN	潜水层径流系数	gw
3	ESCO	土壤蒸发补偿系数	hru
4	CANMX	最大冠层蓄水量	hru
5	SOL_AWC	土壤可利用水量	sol
6	CN2	SCS 径流曲线系数	mgt
7	BLAI	最大潜在叶面积指数	crop. dat
8	SOL_Z	土壤深度	sol
9	GW_REVAP	地下水再蒸发系数	gw
10	CH_N2	主河道曼宁系数值	rte
11	CH_K2	河道有效水力传导系数	rte
12	SOL_K	土壤饱和水力传导系数	sol
13	GW_DELAY	地下水滞后系数	gw
14	SLOPE	平均坡度	hru
15	REVAPMN	潜水层再蒸发系数	gw
16	SURLAG	地表径流滞后时间	bsn
17	EPCO	土壤蒸腾补偿系数	hru
18	BIOMIX	生物混合效率系数	mgt
19	SOL_ALB	潮湿土壤反照率	sol

表 5.9　　泥沙参数敏感性分析结果

序号	参 数 名 称	物 理 意 义	所在文件名
1	SPCON	泥沙输移线性系数	bsn
2	CH_N2	主河道曼宁系数值	rte
3	CN2	SCS 径流曲线系数	mgt
4	BLAI	最大潜在叶面积指数	crop. dat
5	ALPHA_BF	基流 α 系数	gw
6	CH_K2	河道有效水力传导系数	rte
7	USLE_P	USLE 水土保持措施因子	mgt
8	SPEXP	泥沙输移指数系数	bsn
9	CANMX	最大冠层蓄水量	hru

续表

序号	参 数 名 称	物 理 意 义	所在文件名
10	SURLAG	地表径流滞后时间	bsn
11	SOL _ AWC	土壤可利用水量	sol
12	ESCO	土壤蒸发补偿系数	hru
13	SOL _ K	土壤饱和水力传导系数	sol
14	SLOPE	平均坡度	hru
15	GW _ DELAY	地下水滞后系数	gw
16	SOL _ Z	土壤深度	sol
17	GWQMN	潜水层径流系数	gw
18	SLSUBBSN	平均坡长	hru
19	BIOMIX	生物混合效率系数	mgt
20	USLE _ C	植物覆盖因子最小值	crop. dat
21	EPCO	土壤蒸腾补偿系数	hru
22	GW _ REVAP	地下水再蒸发系数	gw
23	REVAPMN	潜水层再蒸发系数	gw
24	SOL _ ALB	潮湿土壤反照率	sol

5.4.2 参数率定

参数率定通常定义为“寻找能使模拟值与监测值之间最吻合的参数值”。通过参数的率定工作可以使模型模拟结果更接近研究区的实际情况，以保证模型的可靠性和实用性。ArcSWAT 提供了交互式的模型参数调试与率定的用户界面对模型的下垫面参数进行率定（图 5.12）。该界面定义了每个参数的上限和下限，并通过 3 种方式对参数进行调整，即替换数值（replace）、直接增减（add）和以百分比增减（%），因此整个界面既友好又方便。尽管如此，由于模型涉及参数较多，不同参数的不同组合又会产生不同的模拟结果，因此，模型参数调试与率定仍然是一项繁琐的工作。表 5.10 为径流和泥沙敏感性参数的最终率定结果。

表 5.10　径流和泥沙敏感性参数率定结果

参数	取值范围	实际取值	参数	取值范围	实际取值
Alpha _ Bf	0～1	0. 49	Gwqmn	0～5000	4628
Esco	0～1	0. 48	Canmx	0～10	6. 18
Sol _ Awc	0～1	0. 64	CN2	0～95	68～84
Spcon	0. 0001～0. 01	0. 007	Ch _ N2	0～1	0. 74
Blai	0～1	0. 08	Ch _ K2	0～150	115
Usle _ P	0～1	0. 64	Spexp	1～2	1. 40

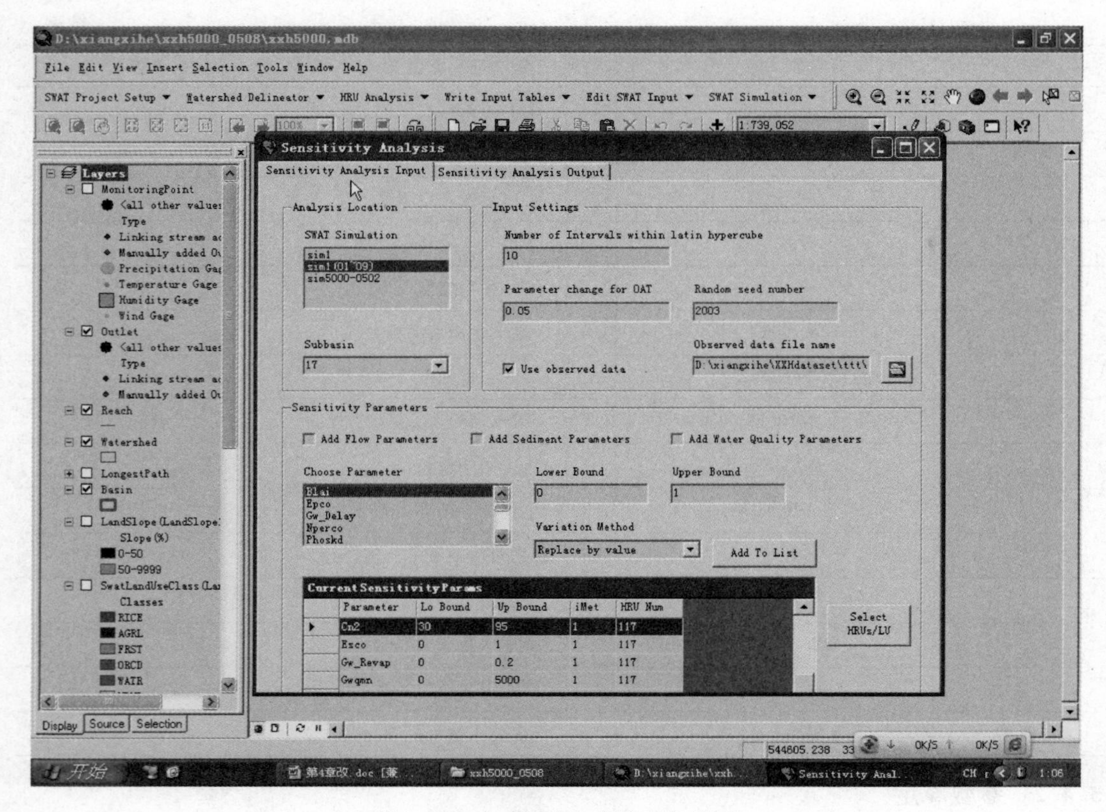

图 5.12　ArcSWAT 参数率定界面

5.4.3　模型有效性验证

本书选择决定系数 R^2 和 Nash - Suttelife 系数 E_{NS} 评价模型的有效性，其中 R^2 用来衡量模拟值与实测值之间的吻合程度，可以在 Excel 表格中应用回归曲线法求得，R^2 越接近 1 表示模拟值与实测值吻合得越好。E_{NS} 用来衡量模拟值与实测值之间的拟合度，其计算公式为

$$E_{NS}=1-\frac{\sum_{i=1}^{n}(Q_{i,obs}-Q_{i,sim})^2}{\sum_{i=1}^{n}(Q_{i,obs}-\overline{Q_{i,obs}})^2} \tag{5.53}$$

式中：Q_{obs} 为实测值；Q_{sim} 为模拟值；$\overline{Q_{obs}}$ 为实测值的平均值；n 为计算的样本数。$E_{NS}=1$ 表示模拟值与实测值一致，$E_{NS}=0$ 表示模拟值与实测值的平均值的模拟结果一样，$E_{NS}<0$ 表示模拟结果无效。

在验证模型的有效性时通常将获得的资料分为两部分：一部分用于对模型参数的率定；另一部分用于对模拟结果的校验。本次研究将 2004—2007 年的月流量和月泥沙数据用于对模型参数的率定，2008—2009 年的月流量和月泥沙数据用于对模拟外延部分结果的验证，2001—2003 年的数据用于模型预热。

1. 径流率定和验证

兴山（二）水文站径流量率定期和验证期的拟合曲线如图 5.13 和图 5.14 所示，无论是率定期还是验证期，模拟值与实测值均具有较好的拟合度。表 5.11 中的计算结果也表明径流率定和验证系数 R^2 和 E_{NS} 均在 0.8 以上，说明该模型对径流的模拟精度较高，模拟结果有效。

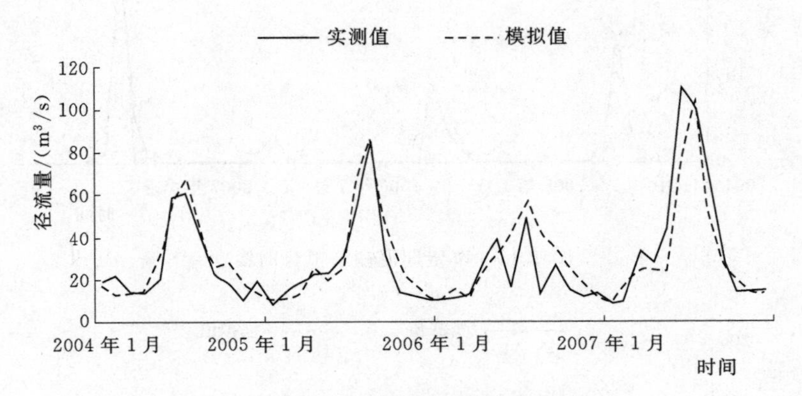

图 5.13 率定期径流量拟合曲线

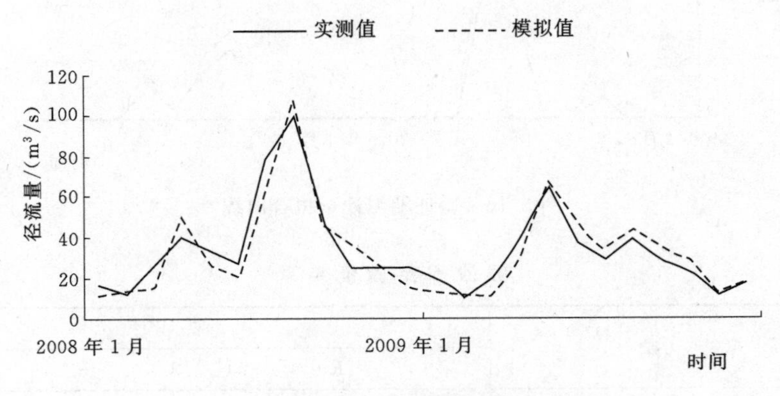

图 5.14 验证期径流量拟合曲线

表 5.11 径流率定验证结果

模拟时段	径流	
	R^2	E_{NS}
率定期（2004—2007 年）	0.82	0.81
验证期（2008—2009 年）	0.81	0.80

2. 泥沙率定和验证

兴山（二）水文站泥沙量率定期和验证期的拟合曲线如图 5.15 和图 5.16 所示，无论是率定期还是验证期，模拟值与实测值均具有较好的拟合度。表 5.12 中的计算结果也表明，泥沙率定和验证系数 R^2 和 E_{NS} 均在 0.8 以上，说明该模型对泥沙的模拟精度较高，模拟结果有效。

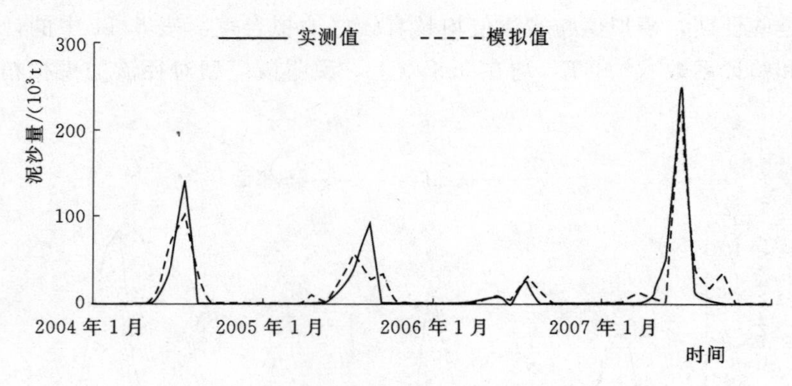

图 5.15　率定期泥沙量拟合曲线

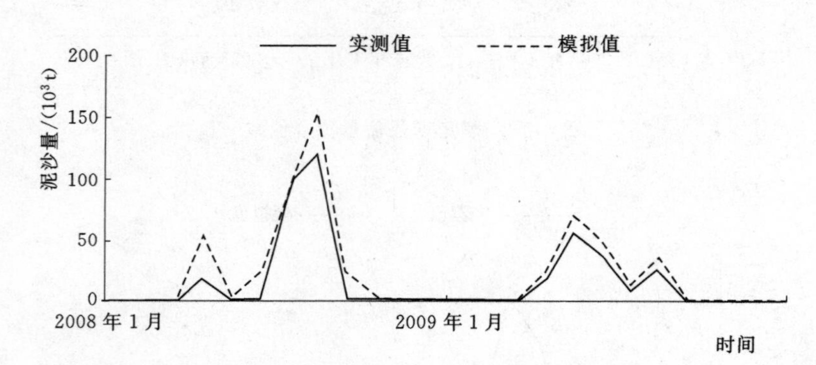

图 5.16　验证期泥沙量拟合曲线

表 5.12　泥沙率定验证结果

模拟时段	泥沙	
	R^2	E_{NS}
率定期（2004—2007 年）	0.84	0.83
验证期（2008—2009 年）	0.88	0.84

3. 营养盐验证

SWAT 模型中对营养盐氮、磷的率定通常按照以下步骤进行。

(1) 检查土壤中的氮、磷营养盐初始含量是否正确。营养盐浓度初始值在土壤化学属性输入文件（.chm）中设置，包括硝酸盐（SOL _ NO_3）、可溶性磷（SOL _ MINP）、有机氮（SOL _ ORGN）和有机磷（SOL _ ORGP）。

(2) 检查化肥施用是否正确。一般情况下，化肥施用主要发生在土壤表层 10mm 或者混合层，参数 FRT _ LY1 用来设定施肥比例。

(3) 检查农作物耕作制度是否正确。农业耕作活动重新分配了土壤中的营养盐含量，

同时也改变了经由地表径流传输的营养物质的通量。

因为没有收集到香溪河水文监测断面的氮磷排放量数据，无法对营养盐参数进行直接率定，故采用文献［142］中记录的香溪河 2004—2006 年的总氮和总磷浓度数据对 SWAT 模型中的水质参数（如氮渗透系数 NPERCO、磷渗透系数 PPERCO、土壤磷分配系数 PHOSKD 等）进行率定。需要注意的是，所有的浓度监测数据均包括了点源污染和非点源污染，因此在率定时应该扣除点源污染的影响。总氮和总磷浓度模拟值与实测值的拟合曲线如图 5.17 所示。

从图中可以看出，总体而言，总氮和总磷浓度实测值比模拟值偏小，可能是因为水库蓄水后江水倒灌进入香溪河库湾后，对库湾水体的顶托和稀释作用导致水体营养盐浓度下降。除 2006 年总磷的模拟结果误差较大外，其余两年总氮和总磷浓度误差范围基本控制在 30%以内，可能与 2006 年 6 月水库蓄水有关。考虑到污染物影响因素的复杂性及实测数据本身的误差，本次研究对总氮和总磷浓度的模拟结果基本满足精度要求。

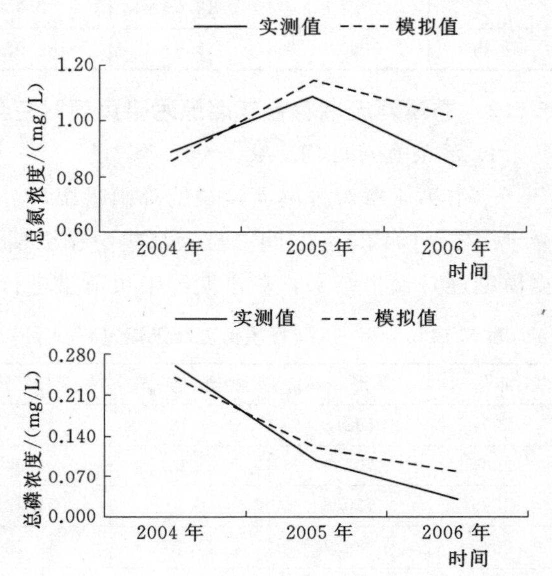

图 5.17 香溪河总氮和总磷浓度模拟值与实测值拟合曲线

5.5 香溪河流域农业非点源污染分布式模拟

5.5.1 香溪河流域农业非点源入库污染负荷量估算

利用验证后的模型模拟水库蓄水后（2004—2009 年）香溪河流域对三峡水库径流、泥沙及氮磷污染负荷的贡献量，结果见表 5.13。整个模拟期间研究区年均入库径流量 12.62 亿 m^3、输沙量接近 40 万 t、氨氮、总氮和总磷污染负荷量分别为 204.78t、1512.65t 和 326t。随着降雨量的增加，径流量、泥沙量、氮磷污染负荷量都表现为增加趋势，其中，径流量与泥沙量和总磷负荷量的相关关系最为显著，其相关系数分别为 0.96 和 0.97。

表 5.13 香溪河流域入库污染负荷量模拟结果

年份	降雨/mm	径流/亿 m^3	泥沙/万 t	氨氮/t	总氮/t	总磷/t
2004	725.5	11.26	34.26	67.17	820.08	215.63
2005	837	11.47	35.67	145.39	1137.44	266.40
2006	849.5	12.21	37.99	139.25	1087.77	296.66

续表

年份	降雨/mm	径流/亿 m^3	泥沙/万 t	氨氮/t	总氮/t	总磷/t
2007	1196	14.82	46.91	400.21	2456.25	475.91
2008	1043.6	13.87	43.78	345.54	1822.35	457.00
2009	785.7	12.09	40.93	131.09	1952.02	244.43
平均	906.22	12.62	39.92	204.78	1512.65	326.00

5.5.2 香溪河流域农业非点源污染负荷时空分布特征

1. 污染负荷时间变化

本书第 4 章对香溪河流域的降雨量统计分析结果表明，近 10 年流域多年平均降雨量介于 725～1342mm 之间，且大都集中在汛期（4—9 月），占全年降雨量的 80%左右。根据模型逐月输出结果，对汛期污染负荷量进行估算，结果见表 5.14。

表 5.14 香溪河流域汛期（4—9 月）入库污染负荷量模拟结果

年份	降雨/mm	径流/亿 m^3	泥沙/万 t	氨氮/t	总氮/t	总磷/t
2004	582.8	9.16	30.87	11.02	634.70	214.20
2005	708.3	9.32	31.96	23.68	952.15	263.97
2006	720.8	10.17	34.49	22.51	911.56	293.65
2007	982.7	11.78	42.73	32.11	1643.73	368.65
2008	884.5	11.14	38.08	26.00	980.98	317.28.
2009	634.5	9.79	36.71	19.54	1499.94	229.81
平均	752.27	10.23	35.81	22.48	1103.84	274.06

对比表 5.13 和表 5.14 可以发现，汛期流量占全年径流总量的 81%，输沙量占到 90%，总氮和总磷污染负荷量分别占 73%和 84%。由此可以推断，汛期是非点源污染发生的高峰期，污染负荷首先通过径流进入河网水系，然后经由河道汇流，最终进入受纳水体中，因此控制汛期非点源污染负荷的产生量尤为重要。

2. 污染负荷空间变化

本次研究的模拟时段是 2004—2009 年，时间跨度不大，下面的研究中将以模拟期间的平均值为例，绘制香溪河流域泥沙及氮磷污染负荷流失的空间分布图，如图 5.18～图 5.20 所示。

从图 5.18 中可以看出，2004—2009 年期间香溪河流域土壤流失比较严重的地区主要有两个：一个是流域北部的神农架林区；另一个是位于高岚河下游耕地集约化程度相对较高的高岚镇和峡口镇，单位面积土壤流失量超过 $20t/hm^2$。而距离河道较远且水系稀疏的地区水土流失相对则较轻，如位于流域东南部高岚河上游的水月寺镇，单位面积流失量不足 $2t/hm^2$。从整体来看，全流域的总氮流失比较严重，近 2/3 的流域面积总氮单位面积输出量超过 $20kg/hm^2$，总氮流失量较小的区域其单位面积流失量也超过了 $4kg/hm^2$（图 5.19）。与氮素相比，磷素单位面积流失量较小，但具有较显著的空间分布特征（图 5.20），

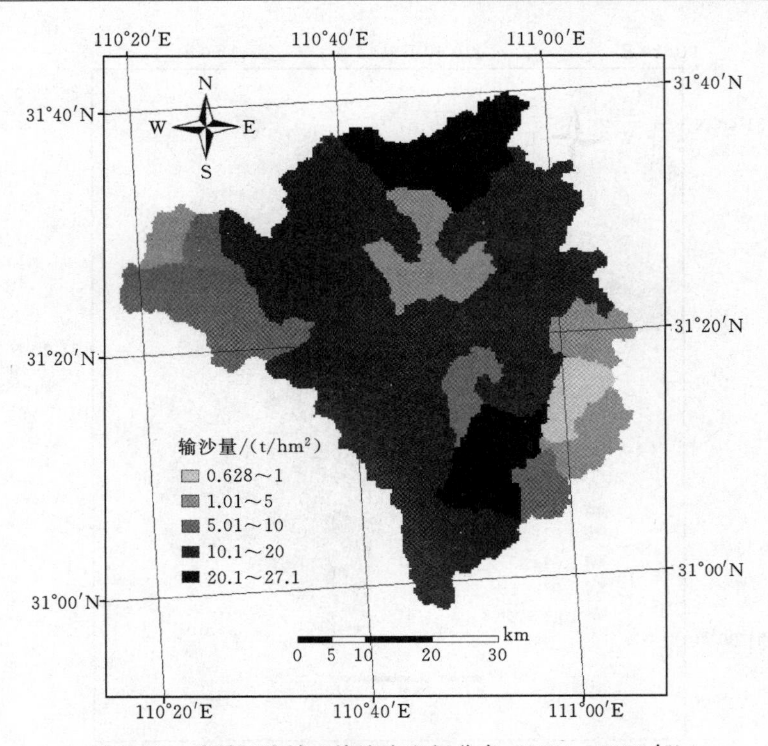

图 5.18 香溪河流域土壤流失空间分布（2004—2009 年）

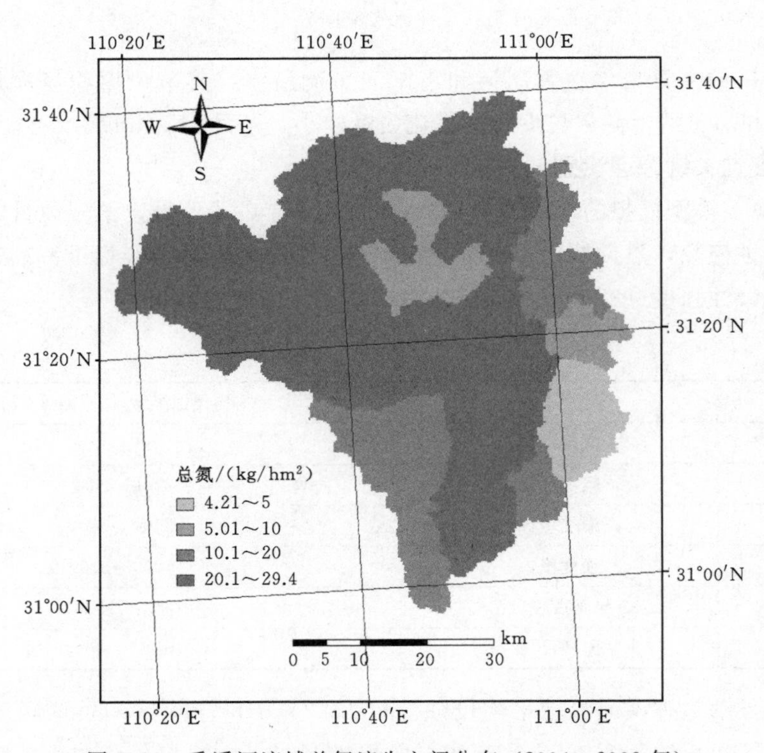

图 5.19 香溪河流域总氮流失空间分布（2004—2009 年）

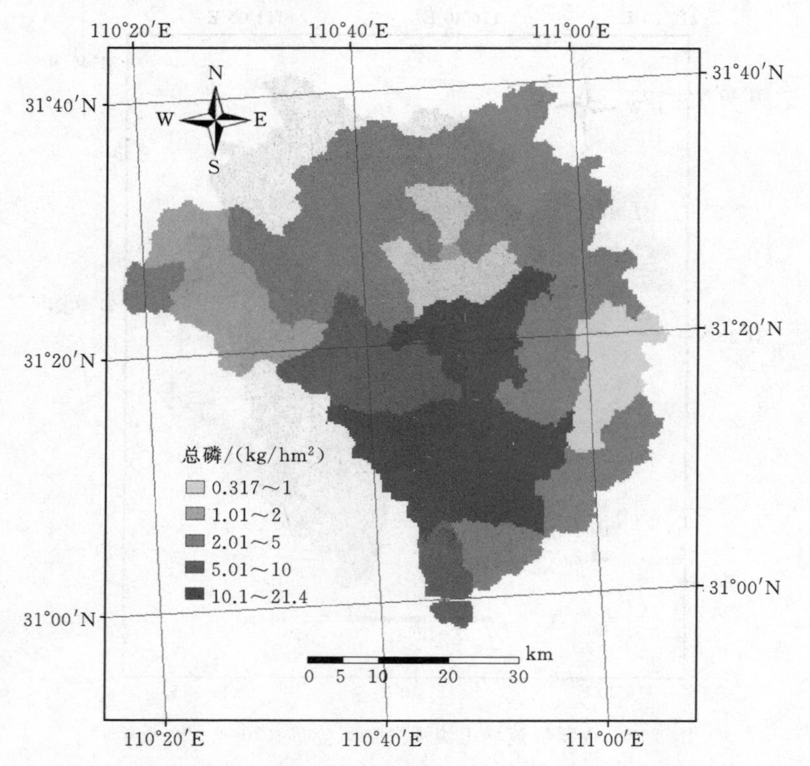

图 5.20 香溪河流域总磷流失空间分布（2004—2009 年）

流失量较大的区域主要集中在香溪河和南阳河干流沿岸，其单位面积流失量超过 10kg/hm²，古夫河和高岚河上游单位面积总氮流失量较小，不足 1kg/hm²。

5.5.3 土壤侵蚀关键源区识别

根据 SWAT 模型模拟的水库蓄水后 2004—2009 年各子流域土壤侵蚀量的平均值估算各子流域的侵蚀模数，然后按照水利部颁布的《土壤侵蚀分类分级标准》（表 5.15）对各子流域的土壤侵蚀强度进行分级，结果如图 5.21 所示。

表 5.15 土壤侵蚀分类分级标准

分级	级别	平均侵蚀模数/[t/(km²·a)]
Ⅰ	微度侵蚀	<500
Ⅱ	轻度侵蚀	500～2500
Ⅲ	中度侵蚀	2500～5000
Ⅳ	强度侵蚀	5000～8000
Ⅴ	极强度侵蚀	8000～15000
Ⅵ	剧烈侵蚀	>15000

计算结果显示，香溪河流域平均侵蚀模数为 1247.4t/(km²·a)，属轻度流失区。其中，微度侵蚀区面积约 483km²，占流域总面积的 15.3%，主要分布在流域东部高岚河上

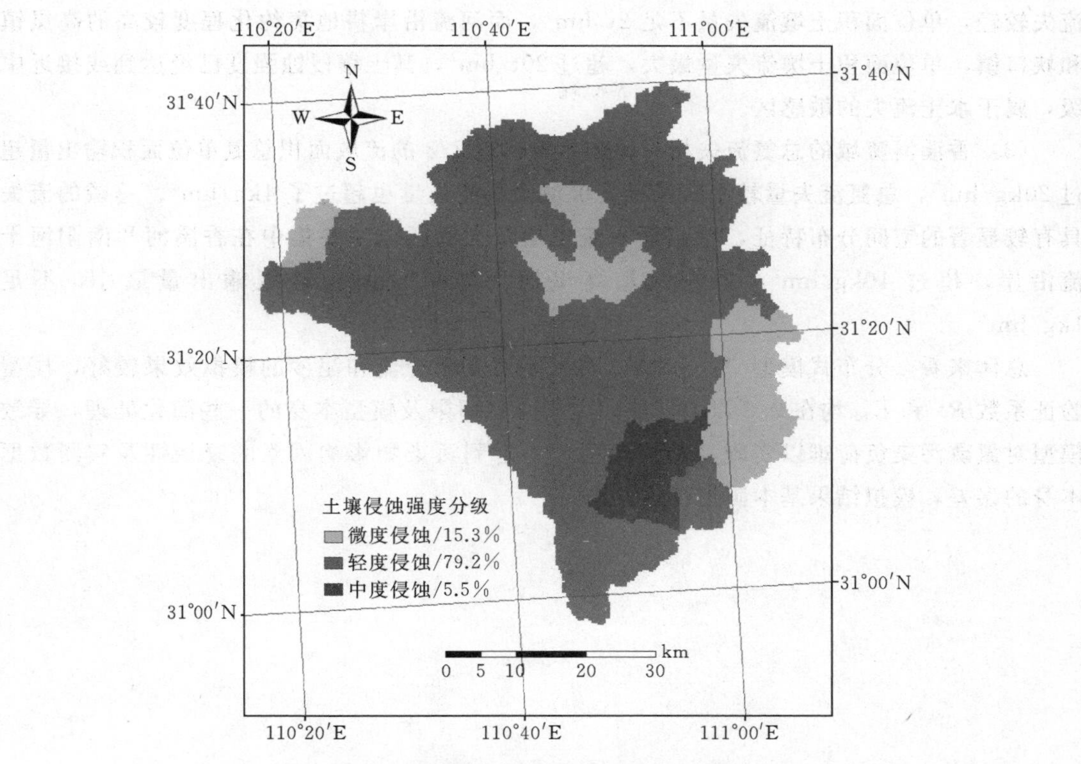

图 5.21 香溪河流域土壤侵蚀强度分级图（2004—2009 年）

游的水月寺镇；中度侵蚀区面积约 173.4km²，占流域总面积的 5.5%，主要分布在耕地集约化程度较高的高岚镇建阳坪村和峡口镇部分地区，其余地区属轻度侵蚀区，面积约 2495.3km²，占流域总面积的 79.2%。由此可见，尽管香溪河流域土壤侵蚀尚属轻度，但因其自然地理环境特殊，属于水土流失的敏感区，因此其水保工作应该引起有关部门的重视。

5.6 本 章 小 结

本章基于地形、土地利用、土壤植被、水文气象等数据构建了香溪河流域的 ArcSWAT 模型，并利用验证后的模型模拟了流域 2004—2009 年土壤流失量及非点源污染负荷量，分析了土壤流失及氮、磷非点源污染负荷的时空分布规律，并对土壤流失的关键源区进行了定量识别。主要得到以下结论。

（1）2004—2009 年（水库蓄水后）香溪河流域对三峡水库径流和泥沙的贡献量分别为 12.6 亿 m^3/a 和 40 万 t/a，对污染负荷氮磷的贡献量为 1512t/a 和 326t/a。汛期（4—9 月）是农业非点源污染发生的高峰期，其中径流量占全年径流总量的 81%，泥沙量占到 90%，总氮和总磷输出量分别占 73%和 84%。

（2）从总体来看，香溪河流域属轻度流失区，距离河道较远、水系稀疏的区域水土流失较轻，单位面积土壤流失量不足 2t/hm²，而河流沿岸耕地集约化程度较高的高岚镇和峡口镇，单位面积土壤流失量最大，超过 20t/hm²，其土壤侵蚀强度已经达到或接近中级，属于水土流失的敏感区。

（3）香溪河流域的总氮流失相对比较严重，近 2/3 的流域面积总氮单位面积输出量超过 20kg/hm²，总氮流失量较小的区域其单位面积流失量也超过了 4kg/hm²。总磷的流失具有较显著的空间分布特征，单位面积流失量较大的区域主要集中在香溪河和南阳河干流沿岸，超过 10kg/hm²，古夫河和高岚河上游单位面积总氮输出量最小，不足 1kg/hm²。

总体来看，分布式模型 ArcSWAT 对香溪河流域径流和泥沙的模拟效果较好，模型验证系数 R^2 和 E_{NS} 均在 0.8 以上，然而由于资料所限及模型本身的一些简化处理，导致模型对氮磷污染负荷难以实现高精度模拟，考虑到污染物影响因素的复杂性及实测数据本身的误差，模拟结果基本满足精度要求。

第6章 农业非点源污染管理措施情景模拟与建议

6.1 土地利用变化对香溪河流域农业非点源污染的影响

随着全球气候与环境变化研究的深入，对土地利用/覆被变化（LUCC）的研究成为当前国内外研究的热点。作为水文过程的主要驱动因素之一，土地利用与地形、土壤分布共同构成了SWAT模型的下垫面边界场，而土地利用是其中一个比较活跃的富于变化的要素。本研究工作主要基于香溪河流域2000年和2010年两期的土地利用遥感资料，采用GIS技术，分析流域最近10年的土地利用动态变化及其对径流、泥沙、农业非点源污染氮磷输移的影响。

6.1.1 香溪河流域土地利用动态变化

基于ArcGIS 9.2，将香溪河流域地形图与两期土地利用图进行叠加，得到流域近10年的土地利用结构变化，见表6.1。

表6.1 香溪河流域2000—2010年土地利用结构变化

年份	面积及比例	总面积	耕地	林地	草地	水域	居民用地
2010	面积/km^2	3196.71	244.26	2762	167.78	20.59	2.08
	所占比例/%	100	7.64	86.4	5.25	0.64	0.07
2000	面积/km^2	3194.28	238.29	2780.19	165.82	8.49	1.49
	所占比例/%	100	7.46	87.04	5.19	0.27	0.05
2000—2010	面积变化/km^2	2.43	5.97	−18.19	1.96	12.09	0.59
	变化率/%	0.08	2.51	−0.65	1.18	142.52	39.6

总体来看，流域2010年和2000年的土地利用结构变化不大，主要以林地为主，所占面积比例均超过85%，水域和居民用地所占面积比例较小，两者之和尚不足1%，说明流域植被覆盖情况较好。就土地利用总面积而言，2010年流域总面积3196.71km^2，与2000年的3194.28km^2相比略有增加，但增加幅度不足0.1%。进一步分析不同土地利用类型的面积变化发现，2010年水域面积比2000年扩张了一倍多，2000年流域仅有水域面积8.49km^2，2010年增加到20.59km^2，耕地、草地和居民用地面积也都有所增加，推断可能与水库蓄水及移民安置有关，只有林地面积是减少的。

6.1.2　不同土地利用类型土壤流失情况

本书第 5 章 5.5.2 小节和 5.5.3 小节中讨论了香溪河流域 2000 年的土壤流失情况，并对流域的土壤侵蚀强度进行了分级。因为轻度侵蚀区所占面积比例超过流域总面积的 86%，因此综合来看，香溪河流域属轻度流失区。本节主要根据表 6.1 中流域 2000 年的土地利用组成，进一步区分出不同土地利用类型的土壤侵蚀强度，结果见表 6.2。

表 6.2　　香溪河流域 2000 年不同土地利用类型土壤流失情况

土地利用类型	实际面积 /km^2	面积比 /%	计算面积 /km^2	面积比 /%	土壤流失量 /万 t	所占比例 /%	平均侵蚀模数 /[t/(km^2 · a)]
旱地	181.31	5.68	127.95	4.01	54.54	31.94	4262
水田	56.98	1.78	11.65	0.36	2.16	1.27	1856
林地	2780.19	87.04	2935.81	91.91	109.14	63.92	372
草地	165.82	5.19	118.87	3.72	4.91	2.87	413
水域	8.49	0.27	0	0	0	0	0
居民用地	1.49	0.05	0	0	0	0	0
合计	3194.28	100	3194.28	100	170.75	100	1726

需要注意的是，在模型运行过程中，当单个水文响应单元中某种土地利用类型的面积所占比例小于 10%（模型默认值）时，该土地利用类型将被忽略，其面积按照权重被合并到同一水文响应单元的其他土地利用类型中。另外，关于阈值设置的合理性问题，本次研究暂不做讨论。

从计算结果来看，2000 年香溪河流域平均侵蚀模数 1726t/(km^2 · a)＜2500t/(km^2 · a)，属轻度侵蚀（与第 5 章的研究结果保持一致）。其中，旱地的平均侵蚀模数最高，为 4262t/(km^2 · a)＞2500t/(km^2 · a)，属中度侵蚀区域，以 4%的占地面积提供了近 1/3 的土壤流失量（54.54 万 t），因此在水土保持工作中应该列为重点防治对象；水田目前尚属轻度侵蚀区，但其土壤流失情况也应该引起有关部门的重视；林地和草地的水土保持效果较好，平均侵蚀模数均小于 500t/(km^2 · a)，属微度侵蚀区。

6.1.3　土地利用变化对农业非点源污染的影响

SWAT 模型作为一种可以表征土地利用变化水文效应的水文模型，提供了一个研究土地利用变化对非点源污染影响的平台。下面的研究中将 2000 年和 2010 年两期土地利用资料分别输入到 SWAT 模型中，得到香溪河流域 2004—2009 年的农业非点源污染负荷变化，见表 6.3。

研究结果表明，在 2010 年的土地覆被条件下，年均径流量比在 2000 年的土地覆被条件下略有增加，但增加幅度不足 2%，泥沙输出量增加较多，平均每年增加 18%。氮、磷污染负荷量则表现为减少趋势，其中总氮平均每年削减接近 9%，总磷平均每年削减不足 5%。由此可见，尽管土地利用变化对径流的影响不大，但是对泥沙、氮磷等污染负荷的影响却是不可忽视的。究其原因，可能与水域面积扩张有关。水域面积扩张使得土壤的

表 6.3 不同土地利用条件下香溪河流域农业非点源污染负荷变化

土地利用 \ 年份		2004	2005	2006	2007	2008	2009	平均
径流/亿 m^3	2010 年	11.59	11.62	12.34	13.92	15.11	12.30	12.81
	2000 年	11.26	11.47	12.21	13.87	14.82	12.09	12.62
	变化率/%	2.93	1.31	1.06	0.36	1.96	1.74	1.56
泥沙/万 t	2010 年	42.25	44.49	39.60	48.07	58.60	49.53	47.09
	2000 年	34.26	35.67	37.99	43.78	46.91	40.93	39.92
	变化率/%	23.32	24.73	4.24	9.80	24.92	21.01	17.96
总氮/t	2010 年	689.4	978.7	857.6	1549.9	2404.2	1794.8	1379.1
	2000 年	820.1	1137.4	1087.8	1822.4	2456.3	1952.0	1512.7
	变化率/%	−15.94	−13.95	−21.16	−14.95	−2.12	−8.05	−8.83
总磷/t	2010 年	214.5	251.4	256.1	429.8	465.2	253.5	311.75
	2000 年	215.6	266.4	296.7	457.0	475.9	244.4	326
	变化率/%	−0.51	−5.63	−13.68	−5.95	−2.25	−3.72	−4.37

侵蚀作用增强，泥沙输移量增加；同时，氮磷等污染负荷也提前进入河道并在河道中沉积，缩短了其在空间的扩散途径，从而导致流域出口污染负荷输出量减少。

6.2 农业非点源污染管理措施情景模拟

前面的研究结果证实，耕地对农业非点源污染的影响较大，因此下面的研究中结合本研究区的实际情况，针对耕地设置了两种不同的农业管理措施，并利用 SWAT 模型的预报功能，模拟这两种方案实施后研究区农业非点源污染负荷氮磷的削减情况。

方案一：控制化肥施用量

因为没有搜集到香溪河流域 2001—2009 年的农田化肥施用统计资料，因此模拟过程中输入的化肥数据主要来自野外调研（表 5.7）。在下面的情景分析过程中，保持 SWAT 其他输入数据库不变，只改变农业管理中化肥的施用量，并由此估算香溪河流域 2004—2009 年径流量、泥沙量及总氮和总磷污染负荷量的变化，见表 6.4。

表 6.4 减少化肥施用量对香溪河流域非点源污染负荷输出的影响

施肥方案 \ 污染负荷	径流/亿 m^3	泥沙/万 t	总氮/t	总磷/t
正常施肥	12.62	39.92	1512.7	326
施肥量减半	12.38	38.79	1284.28	268.52
变化率/%	−1.90	−2.83	−15.10	−17.63

方案一的模拟结果显示，当施肥量减半时，径流量略有减少，但其减少幅度不足 2%，可能是因为施肥水平影响了农作物的生长，改变了土地的覆被情况，从而影响了耕

地的产流能力。产沙量随施肥量的减少也出现减少趋势，但减少幅度不足 3%，其原因与径流量的变化原因相似。施肥量减半对总氮和总磷的输出影响较显著，其中总氮削减率超过 15%，总磷削减率接近 18%。由此可见，降低耕地的化肥施用量对径流和泥沙的影响较小，但是可以在一定程度上削减非点源污染负荷量。

方案二：退耕还林

地形是影响水土流失的重要因素之一，坡度、坡长、坡型及沟壑密度对水土流失的影响都是不可忽视的。香溪河流域地处山区，山高坡陡，沟壑纵横，再加上汛期暴雨频发，因此极易发生水土流失。调研发现，为了避免山体滑坡，在河道两岸的峭壁地区已经采取了一些护坡方案和导流措施，然而由于该区耕地较少（占流域总面积不足 5%），陡坡耕种现象普遍，因此存在水土流失的隐患。鉴于此，下面的研究中主要借助 GIS 技术，将实际的土地利用类型中的耕地全部替换为林地，然后输入到 SWAT 模型中，预测径流量、泥沙量及总氮和总磷污染负荷量的变化，见表 6.5。

表 6.5　退耕还林对香溪河流域非点源污染负荷输出的影响

施肥方案 \ 污染负荷	径流 /亿 m^3	泥沙 /万 t	总氮 /t	总磷 /t
退耕还林前	12.62	39.92	1512.7	326
退耕还林后	12.03	36.23	1134.08	223.47
变化率/%	−4.68	−9.24	−25.03	−31.45

研究结果表明，将全部耕地实施退耕还林后，泥沙及氮磷污染负荷输出量均出现明显减少，其中泥沙流失量减少约 9%，总氮削减约 25%，总磷削减超过 30%。由此可见，在陡坡上大量开发耕地，将会造成局部地区农业非点源污染负荷量增加，而改变土地利用方式，实施退耕还林将对农业非点源污染的控制起到积极作用。本次研究仅考虑了退耕还林措施的一种极端情况，在实际应用过程中，应酌情采取部分耕地还林措施。

6.3　农业非点源污染控制措施和建议

关于农业非点源污染管理措施的研究，前人已经做了大量的工作，归纳起来主要有两个环节：一是源头控制；二是污染物迁移转化过程的截留控制，即从“源”和“汇”的角度进行控制。其中，对“源”的控制措施主要是减少或者控制化肥农药施用，提高化肥农药的利用效率；对“汇”的控制措施主要有推广“生态农业”生产模式，因地制宜地选择农业耕作模式，如轮作、套种、免耕、休耕、草地过渡带等。下面主要结合本研究区农业非点源污染的特点，提出适合该研究区域的农业非点源污染控制措施和建议。

1. 农业非点源污染控制措施

(1) 合理施用化肥，减少养分流失。大量的研究结果已经证实，合理施肥是减少土壤中氮磷营养盐流失的有效措施。农田化肥施用不当会导致土壤养分过高，造成土壤板结，影响作物生长。此外，附着在土壤表层的营养盐容易在暴雨的冲刷下随地表或地下径流进入河道，从而对水体造成污染。因此，应根据研究区的土地状况和耕作特点，制订合理的施肥制度（包括施肥时间、施肥量等），采用先进的施肥技术，尽量避免在暴雨前施肥，提高化肥利用率，促进“精准农业”的发展。

（2）调整施肥结构，优先选择有机肥。有机肥可以给土壤中的微生物提供营养补给，对改善土壤的理化性质、提高土壤养分起到积极作用，而化肥给微生物提供了生长发育所必需的无机养料，因此，两者合理配比不仅可以增强微生物的活性，促进有机物的分解，还能增加土壤的速效养分，满足作物的生长需求。根据兴山县土壤志记录，兴山县土壤肥力中等，磷肥含量较高，钾肥基本够用，氮肥不足。因此，在配方施肥上应遵循“减磷、适钾、增氮”的施肥原则，分次施用化肥，提高农家肥的施用量，减少追肥期化肥用量，施用缓释长效化肥。

（3）优化耕作方式，完善水保措施。采用适宜的耕作方式是控制农业非点源污染的首要环节。实施覆盖耕作、少耕或免耕等保土措施，通过增加地表覆盖控制水土流失。农耕地的水保措施主要有等高耕作、带状耕作、梯田及导排水措施等，在实际应用中常常是几种措施联合使用。实践证明，等高耕作是预防水土流失最有效的措施之一。采用等高耕作不仅可以有效防止片状和沟状侵蚀，而且可以抵御中度和低强度暴雨的侵蚀。此外，等高耕作还可以提高田间的持水能力，为作物的生长提供充足的水分。

（4）加强农村生态环境建设。露天堆放的生活垃圾、人畜粪便不仅污染生态环境，对人群健康造成威胁，而且也是农业非点源污染的一个重要来源。大量的地表堆积物在暴雨的冲刷下随地表径流迁移、扩散和下渗，从而对地表水和地下水造成严重污染。因此，加强农村生态环境建设，对生活垃圾集中处理、合理堆肥并经处理后返田，对农业非点源污染控制具有积极作用。

2. 农业非点源污染管理的几点建议

（1）加强土地利用监管力度。6.1节的研究内容阐述了土地利用变化对非点源污染的影响，土地利用类型不同，其产污负荷也存在较大差别。特别是针对生态脆弱区（如陡坡耕种区、水土流失重点区等），应该积极采取封山育林、退耕还林/还草等生态保护措施，大力推广水土保持技术，防止水土流失。此外，在库区削落带还应该建立一定规模的生态缓冲区，对泥沙等污染物进行截留和分解。

（2）优先治理产污关键源区。首先通过对流域非点源污染空间分布特征的研究识别出非点源污染产生的关键源区，加强监管和治理力度，迅速降低敏感区的危险等级，通过治理较少的污染源获得较高的经济效益，确保可用的资源发挥最大的效力。

（3）浓度控制与总量控制相结合。现阶段对农业非点源污染控制的重点主要集中在总量上，而对其浓度的控制却没有引起足够的重视。在下一步的研究中，应该借鉴点源污染的控制模式，将浓度控制纳入到总量控制中，实施浓度和总量联合控制的综合管理措施，从源头开始削减污染负荷，中途对污染物进行截留和分解，最终实现出口处污染物浓度和总量双达标。

（4）点源和非点源联合控制。在拟定流域的非点源污染控制措施时，对点源的控制也是不可忽视的。就本书的研究区域香溪河流域而言，由于其特殊的地理位置和地形特点，来自农业的非点源污染比较严重。然而就磷污染而言，土壤本底和磷矿开采的影响也是不可忽视的。因此，在制订污染控制和治理措施之前，首先应该对重点污染物的来源进行详细调查和分析，识别不同来源污染物的贡献率，然后针对点源和非点源污染分别提出有效的治理措施，并在满足经济效益的条件下，将经过初步处理达标排放的点源污染纳入到非点源污染控制的生态治理中，削减最终进入环境中的污染物总量。

6.4　本　章　小　结

SWAT 模型不仅可以对非点源污染的现状进行评价，还可以通过设置不同的农业管理措施，对流域未来的情景进行模拟和预测。本章的研究内容主要包括以下几个方面：①对比两期土地利用（2000 年和 2010 年）条件下模型的输出结果发现，除了水域发生显著扩张外，流域近 10 年的土地利用变化不大，且这种变化对径流的影响较小，对泥沙有一定的影响，但对非点源污染负荷氮磷的影响较大；②两种非点源污染管理措施（控制化肥施用量、退耕还林）的模拟结果表明，减少耕地的化肥施用量和实施退耕还林措施都可以在一定程度上减少农业非点源污染的流失量，其中，实施化肥施用量减半措施至少可以削减氮磷污染负荷的 15%，而实施全部耕地还林措施则可以削减氮磷污染负荷的 25%以上。结合研究区的实际情况，本研究提出了农业非点源污染控制与管理的几点建议，可以为环境保护部门的实际工作提供一定的参考。

参 考 文 献

[1] Abrams M M, Jarrell W M. Soil phosphorus as a potential source for elevated stream phosphorus levels [J]. Journal of Environmental Quality, 1995, 24 (1): 132-138.

[2] Dennis L C, Peter J V, Keith L. Modeling non-point source pollution in vadose zone with GIS [J]. Environmental Science and Technology, 1997, 8: 2157-2175.

[3] Dennis L C, Keith Loague, Timothy R Ellsworth. GIS-based modeling of non-point source pollutants in the vadose zone [J]. Journal of soil and water Conservation, 1998, 53 (1): 34-38.

[4] USEPA. National water quality inventory, report to congress executive summary [M]. Washington D C: USEPA, 1995: 497.

[5] Udoyuru S Tim, Robbert Jolly. Evaluating Agricultural Non-point Source Pollution Using Intergrated Geographic Information Systems and Hydrologic Water Quality Model [J]. Journal of Environmental Quality, 1994, 23 (1): 25-35.

[6] Kronvang B, Graesboll P, Larsen S E, et al. Diffuse Nutrient losses in denmark [J]. Water Science and Technology, 1996, 33 (4-5): 81-88.

[7] Boers P C M. Nutrient emissions from agriculture in the Netherlands: causes and remedies [J]. Water Science and Technology (G. B.), 1996, 33 (4): 183-190.

[8] Lena B M Vought, Jonas Dahl, Carsten Lauge Pedersen, et al. Nutrient Retention in Riparian Ecotones [J]. Ambio., 1994, 23 (6): 342-348.

[9] 姜翠玲，崔广柏. 湿地对农业非点源污染的去除效应 [J]. 农业环境保护，2002，21 (5)：471-473，476.

[10] 鲍全盛，王华东. 我国水环境非点源污染研究与展望 [J]. 地理科学，1996，16 (1)：66-71.

[11] 叶麟. 三峡水库香溪河库湾富营养化及春季水华研究 [D]. 中国科学院水生生物研究所博士学位论文，2006.

[12] Moxon R. The control of diffuse pollution in the marine environment [A] //Edinburgh. Proceedings of the 3rd International Conference on Diffuse Pollution [C]. Scotland, IAWQ, 1998: 2-20.

[13] 刘纪辉，赖格英. 农业非点源污染研究进展 [J]. 水资源与水工程学报，2007，18 (1)：29-32.

[14] 李庆逵. 现代磷肥研究的进展 [J]. 土壤学进展，1986 (2)：1-7.

[15] 彭奎，朱波. 讨论农业养分的非点源污染与管理 [J]. 环境保护，2001 (1)：15-17.

[16] 周祖澄，金振玉，王洪玉，等. 固体氮肥施入旱田土壤中去向的研究 [J]. 环境科学，1985 (6)：2-7.

[17] 张世贤. 三张图表说喜忧——中国面临的严峻挑战与机遇 [J]. 中国农村，1996 (5)：6-9.

[18] 马立珊，钱敏仁. 太湖流域水环境硝酸盐氮和亚硝酸盐氮污染的研究 [J]. 环境科学，1987，8 (2)：60-65.

[19] 张水龙，庄季屏. 农业非点源污染研究现状与发展趋势 [J]. 生态学杂志，1998，17 (6)：51-55.

[20] Yan W J, Yin C Q, Zhang S. Nutrient budgets and biogeochemistry in an experimental agricultural watershed in Southeastern China [J]. Biogeochemistry, 1999, 45: 1-19.

[21] Sharpley A N, Menzel R G. The impact of soil and fertilizer phosphorus on the environment [J]. Advances in agronomy, 1987, 41: 297-324.

[22] 屠清瑛，顾丁锡，等. 巢湖——富营养化研究［M］. 合肥：中国科学技术大学出版社，1990.
[23] 买永彬，顾方乔，陶战. 农业环境学［M］. 北京：中国农业出版社，1994.
[24] 贺缠生，傅伯杰，陈利顶. 非点源污染管理及控制［J］. 环境科学，1998，19（5）：87-91.
[25] 董克虞. 畜禽粪便对环境的污染及资源化途径［J］. 农业环境保护，1998，17（6）：281-283.
[26] 张从. 中国农村面源污染的环境影响及控制对策［J］. 环境科学，2001，4（3）：56-59.
[27] 张维理，武淑霞，H Kolbe，等. 中国农业面源污染形势估计及控制对策Ⅱ：欧美国家农业面源污染状况及控制［J］. 中国农业科学，2004，37（7）：1018-1025.
[28] 赵生才. 我国湖泊富营养化的发生机制与控制对策［J］. 地球科学进展，2004，19（1）：138-140.
[29] 金相灿，刘鸿亮，屠清瑛，等. 中国湖泊富营养化［M］. 北京：中国环境科学出版社，1990.
[30] Vodyanitsky Yu N. The thermodynamic parameters of soil humus calculation［J］. Russian Agricultural Sciences，1999，8：22-27.
[31] Foy R H，Withers P J A. The contribution of agricultural phosphorus to eutrophication［J］. Proceedings No. 365 of the Fertilizer Society，1995：1-32.
[32] Vander Molen D T，Breeuwsma A，Boers P C M. Agricultural nutrition losses to surface water in the Netherlands：impacts，strategies，and perspectives［J］. Journal of Environmental Quality，1998，27：4-11.
[33] Carpenter S R，Carcao N F，Correll D L，et al. Nonpoint of surface waters with phosphorus and nitrogen［J］. Ecological Applications，1998，8：559-568.
[34] He P，Wang J Y. The current difficulty and challenge in studies of control and management of non-point source pollution［J］. Agro-environment protection，1999，18（5）：234-237.
[35] Ebbert J C，Kim M H. Soil processes and chemical transport［J］. Journal of Environmental Quality，1998，27：372-380.
[36] Line D E，Mclaughlin R A，Osmond D L，et al. Nonpoint sources pollution［J］. Water Environment Research，1998，70（4）：895-911.
[37] 张玉良. 农业化学与生物圈［J］. 水资源研究，1979（15）：23-25.
[38] 王超. 氮类污染物在土壤中迁移转化规律试验研究［J］. 水科学进展，1997，8（2）：176-182.
[39] Chen X M，Shen Q R，Pan G X，et al. Characteristics of nitrate horizontal transport in a paddy field of the Tai Lake region［J］. China Chemosphere，2003（50）：703-706.
[40] 王苏民，窦鸿身. 中国湖泊志［M］. 北京：科学出版社，1998.
[41] 朱铁群. 我国水环境农业非点源污染防治研究简述［J］. 农村生态环境，2000，16（3）：55-57.
[42] Wischmeier W H，Smith D D. Predicting rainfall erosion losses：a guide to conservation planning［M］. In USDA，ARS，Agricultural Handbook 537，Washington D C，1978.
[43] Rudra R P. The Importance of Precise Rainfall Inputs in Nonpoint Source Pollution Modelling［J］. American Society of Agricultural Engineers，1993（36）.
[44] 赵人俊. 流域水文模拟［M］. 北京：水利电力出版社，1984.
[45] 夏青，庄大邦，廖庆宜，等. 计算非点源污染负荷的流域模型［J］. 中国环境科学，1985（4）：23-70.
[46] 李怀恩. 水文模型在非点源污染研究中的应用［J］. 陕西水利，1987（3）：18-23.
[47] 陈西平. 计算降雨及农田径流污染负荷的三峡库区模型［J］. 中国环境科学，1992，12（1）：48-52.
[48] 黄满湘. 北京地区农田生态系统氮、磷向水体迁移的过程、机理和营养因素研究［D］. 中国科学院地理科学与资源研究所博士学位论文，2001.
[49] 黄满湘，章申，张国梁，等. 北京地区农田氮素养分随地表径流流失机理［J］. 地理学报，2003，

58 (1): 147 - 154.

[50] 梁涛，王红萍，张秀梅，等. 官厅水库周边不同土地利用方式下氮、磷非点源污染模拟研究 [J]. 环境科学学报，2005，25 (4): 483 - 490.

[51] 贾海燕. 三峡库区香溪河流域农业非点源污染特征研究 [D]. 中国科学院生态环境研究中心博士学位论文，2006.

[52] 洪华生，黄金良，曹文志. 九龙江流域农业非点源污染机理与控制研究 [M]. 北京：科学出版社，2007.

[53] Wischmeier W H, Smith D D. Predicting rainfall erosion losses from cropland east of the Rockky Mountains. Agricultural Handbook 282 [M]. Washington D. C, 1965.

[54] Daniel T C, Sharpley A N, Edwards D R, et al. Minimizing surface water eutrophication from agriculture by phosphorus management [J]. Soil Science Society of America Journal, 1994, 155: 1079 - 1100.

[55] 梁涛，王浩，章申，等. 西苕溪流域不同土地类型下磷素随暴雨径流的迁移特征 [J]. 环境科学，2003，24 (2): 35 - 40.

[56] 许其功，刘鸿亮，沈珍瑶，等. 三峡库区典型小流域氮磷流失特征 [J]. 环境科学学报，2007，27 (2): 326 - 331.

[57] 沈珍瑶，刘瑞民，叶闽，等. 长江上游非点源污染特征及其变化规律 [M]. 北京：科学出版社，2008.

[58] 王百群，刘国彬. 黄土丘陵地形对坡地土壤养分流失的影响 [J]. 土壤侵蚀与水土保持学报，1999，5 (2): 18 - 22.

[59] Flanagan D C, Foster G R. Storm patter effect on nitrogen and phosphorus losses in surface runoff: Transactions of the ASAE [J], 1989, 32 (2): 535 - 544.

[60] 张玉珍. 九龙江上游五川流域农业非点源污染研究 [D]. 厦门：厦门大学博士学位论文，2004.

[61] 陈能汪. 九龙江流域氮的源汇过程及其机制 [D]. 厦门：厦门大学博士学位论文，2006.

[62] 阮晓红. 非点源污染负荷的水环境影响及其定量化方法研究 [D]. 南京：河海大学博士学位论文，2002.

[63] Barros A P, Knapton D, Wang M C, et al. Runoff in shallow soils under laboratory conditions [J]. Journal of the American Water Resources Association, 1999, 35 (5): 1037 - 1051.

[64] 单保庆，尹澄清，白颖，等. 小流域磷污染物非点源输出的人工降雨模拟研究 [J]. 环境科学学报，2000，20 (1): 33 - 37.

[65] 桂萌，祝万鹏，余刚，等. 滇池流域大棚种植区面源污染释放规律 [J]. 农业环境科学学报，2003，22 (1): 1 - 5.

[66] 郑一，王学军. 非点源污染研究的进展与展望 [J]. 水科学进展，2002，13 (1): 105 - 110.

[67] 胡雪涛，陈吉宁，张天柱. 非点源污染模型研究 [J]. 环境科学，2002，23 (3): 124 - 128.

[68] 余炜敏. 三峡库区农业非点源污染及其模型模拟研究 [D]. 重庆：西南农业大学博士学位论文，2005.

[69] 李怀恩. 流域非点源污染模型研究进展与发展趋势 [J]. 水资源保护，1996 (2): 14 - 18.

[70] 张玉珍. 九龙江上游五川流域农业非点源污染研究 [D]. 厦门：厦门大学博士学位论文，2004.

[71] Arnold J G, Allen P M, Bernhardt G. A comprehensive surface groundwater flow model [J]. Hydro., 1993, 14 (2): 47 - 69.

[72] US Environmental Protection Agency. Better assessment science integrating point and nonpoint source [M]. Office of Water. EPA - 823 - B - 98 - 006.

[73] Francos A, Bidoglio G, L Galbiati, et al. Hydrological and water quality modeling in a medium - size coastal zone [J]. Phy. Chem. Earth, 2001, 26 (1): 47 - 52.

[74] Susanna T Y Tong，Wenli Chen. Modeling the relationship between land use and surface water quality [J]. Journal of Environmental Management，2002 (66)：377 - 393.

[75] 邬伦，李佩武. 降雨-产流过程与氮、磷流失特征研究 [J]. 环境科学学报，1996，16 (1)：111 - 116.

[76] 夏青. 计算非点源污染负荷的流域模型 [J]. 中国环境科学，1985，5 (4)：23 - 30.

[77] 陈西平，黄时达. 涪陵地区农田径流污染输出负荷定量化研究 [J]. 环境科学，1991，12 (3)：75 - 79.

[78] 李怀恩，沈晋，刘玉生. 流域非点源污染模型的建立与应用实例 [J]. 环境科学学报，1997，17 (2)：141 - 147.

[79] 吴礼福. 黄土高原土壤侵蚀模型及其应用 [J]. 水土保持通报，1996，16 (1)：29 - 35.

[80] 马超飞，马建文. 基于 RS 和 GIS 的岷江流域退耕还林还草的初步研究 [J]. 水土保持学报，2001，15 (4)：20 - 24.

[81] 刘亚岚，王世新. 遥感与 GIS 支持下的基于网络的洪涝灾害监测评估系统关键技术研究 [J]. 遥感学报，2001，5 (1)：53 - 56.

[82] 王晓燕，郭芳，蔡新广，等. 密云水库潮白河流域非点源污染负荷 [J]. 城市环境与城市生态，2003，16 (1)：31 - 33.

[83] 张超. 非点源污染模型研究及其在香溪河流域的应用 [D]. 北京：清华大学博士学位论文，2008.

[84] 李怀恩. 流域非点源污染数学模型的研究 [D]. 西安：西安理工大学博士学位论文，1994：12 - 39.

[85] 金鑫. 农业非点源污染模型研究进展及发展方向 [J]. 山西水利科技，2005 (1)：15 - 17.

[86] 马蔚纯，陈立民，李建忠，等. 水环境非点源污染数学模型研究进展 [J]. 地球科学进展，2003，18 (3)：358 - 363.

[87] Sohrabi T M，Shirmohammadi A，Montas H. Uncertainty in Nonpoint Souree Pollution Models and Associated Risks [J]. Environmental Forensics，2002 (3)：179 - 189.

[88] 田平. 基于 GIS 杭嘉湖地区农田氮磷径流流失研究 [D]. 杭州：浙江大学硕士学位论文，2006.

[89] 王鹏. 基于数字流域系统的平原河网区非点源污染模型研究与应用 [D]. 南京：河海大学博士学位论文，2006.

[90] 桂峰，于革. 洪湖流域传统农业条件下营养盐输移模拟研究 [J]. 第四纪研究，2006，26 (5)：849 - 856.

[91] Lai Geying，Yu Ge，Gui Feng. Preliminary study on assessment of nutrient transport in the Taihu Basin based on SWAT modeling [J]. Science in China (Series D，Earth Sciences)，2006，49 (Supp. I)：135 - 145.

[92] Yu Ge，Xue Bin，Lai Geying，et al. A 200 - year historical modeling of catchment nutrient changes in Taihu Basin，China [J]. Hydrobiologia，2007，581 (1)：79 - 87.

[93] 黄智华，薛滨，逄勇. 江苏固城湖流域 1951—2000 年农业非点源氮、磷输移的数值模拟研究 [J]. 第四纪研究，2008，28 (4)：674 - 682.

[94] Novotony V，Chesters G G. Handbook of nonpoint pollution：sources and management [J]. Norstrand Reinhold Company，1981：10 - 200.

[95] Brown T C，Brown D，Binkley D. Law and programs for controlling non - point source pollution in forest areas [J]. Water Resource Bulletin，1993，29 (1)：1 - 3.

[96] 王东胜，杜强. 水体农业非点源污染危害及其控制 [J]. 科学技术与工程，2004，4 (2)：123 - 126，142.

[97] 张鑫，史奕，赵天宏，等. 我国农业非点源污染研究现状及控制措施 [J]. 安徽农业科学，2006，34 (20)：5303 - 5305.

[98] Henderson F M, et al. Application of C - CAP protocol land - cover data to nonpoint source water pollution spatial models in a coastal environment [J]. Photog. Engin. And RS, 1998, 64 (10): 1015 - 1020.

[99] 李怀甫. 流域治理理论与方法 [M]. 北京：中国水利水电出版社，1999.

[100] Naiman R J, Decamps H, Pollock M. The role of riparian corridors in maintaining regional biodiversity [J]. Ecology, 1993, 3: 209 - 212.

[101] Mander U, Kuusemets V, Krista L, et al. Efficiency and dimensioning of riparian buffer zones in agricultural catchments [J]. Ecological Engineering, 1997, 8: 299 - 324.

[102] 时秋月，马永胜. 水环境非点源污染的治理与控制对策 [J]. 农机化研究，2007 (1)：202 - 204.

[103] Terry F Yong, Joe Karkoski. Green evolution: are ecnomic incentives the next step in nonpoint source pollution control [J]. Water Policy, 2000, 2: 151 - 173.

[104] 唐涛，渠晓东，蔡庆华，等. 河流生态系统管理研究——以香溪河为例 [J]. 长江流域资源与环境，2004，13 (6)：594 - 598.

[105] 湖北省第二次土壤普查资料 65 号. 兴山县土壤志 [M]. 1983.

[106] Arnold J G, Srinivasan R, Muttiah R S, et al. Large area hydrologic modeling and assessment part I: model development [J]. Journal of American Water Resources Association, 1998 (34): 73 - 89.

[107] 王中根，刘昌明，黄友波. SWAT 模型的原理、结构及应用研究 [J]. 地理科学进展，2003，22 (1)：79 - 85.

[108] Chanasyk D S, Mapfumo E, Willms W. Quantification and Simulation of Surface Runoff from Fescue Grassland Watersheds [J]. Agricultural Water Management, 2003, 59 (2): 137 - 153.

[109] Grizzetti B, Bouraoui F, Granlund K, et al. Modelling diffuse emission and retention of nutrients in the Vantaanjoki watershed (Finland) using the SWAT model [J]. Ecological Modelling, 2003, 169 (1): 25 - 38.

[110] Jayakrishnan R, Srinivasan R, Santhi C, et al. Advances in the Application of the SWAT Model for Water Resources Management [J]. Hydrological Process, 2005, 19 (3): 749 - 762.

[111] Bekiaris I G, Panaopoulos I N, Mimikou M A. Application of the SWAT (Soil and Water Assessment Tool) Model in the Ronnea Catchment of Sweden [J]. Global NEST Journal, 2005, 7 (3): 252 - 257.

[112] Kang M S, Park S W, Lee J J, et al. Applying SWAT for TMDL programs to a small watershed containing rice paddy fields [J]. Agricultural Water Management, 2006, 79 (1): 72 - 92.

[113] Rosenberg, N J, Epstein, D L, Wang D, et al. Possible impacts of global warming on the hydrology of the Ogallala aquifer region [J]. Journal of Climate, 1999, 42: 677 - 692.

[114] Bouraoui F, Benabdallah S, Jrad A, et al. Application of the SWAT model on the Medjerda river basin (Tunisia) [J]. Physics and Chemistry of the Earth, 2005, 30 (8 - 10): 497 - 507.

[115] Martin Plus, Isabelle La Jeunesse, Faycal Bouraoui, et al. Modelling water discharges and nitrogen inputs into a Mediterranean lagoon - Impact on the primary production [J]. Ecological Modelling, 2006, 193: 69 - 89.

[116] Abbaspour, Karim C, Yang Jing, et al. Modelling hydrology and water quality in the pre - alpine/alpine Thur watershed using SWAT [J]. Journal of Hydrology, 2007, 333: 413 - 430.

[117] 郝芳华，孙峰，张建永. 官厅水库流域非点源污染研究进展 [J]. 地学前缘，2002，9 (2)：385 - 386.

[118] 万超，张思聪. 基于 GIS 的潘家口水库面源污染负荷计算 [J]. 水力发电学报，2003 (2)：62 - 68.

[119] Zhang Xuesong, Hao Fanghua, Cheng Hongguang, et al. Application of SWAT model in the upstream watershed of the Luohe River [J]. Chinese Geographical Science, 2003, 13 (4): 334-339.

[120] 黄清华，张万昌. SWAT分布式水文模型在黑河干流山区流域的改进及应用 [J]. 南京林业大学学报（自然科学版），2004，8 (2)：22-26.

[121] 陈军锋，陈秀万. SWAT模型的水量平衡及其在梭磨河流域的应用 [J]. 北京大学学报（自然科学版），2004，40 (2)：265-270.

[122] 李硕，孙波，曾志远，等. 遥感和GIS辅助下流域养分迁移过程的计算机模拟 [J]. 应用生态学报，2004，15 (2)：278-282.

[123] Franeos A, Bidoglio G, Galbiati L, et al. Hydrological and Water Quality Modelling in a Medium-sized Coastal Basin [J]. Phys. Chem. Earth (B), 2001, 26 (1): 47-52.

[124] Harmel R D, Richardson C W, King K W. Hydrologic response of a small watershed model to generated precipitation [J]. Trans. ASAE, 2000, 43 (6): 1483-1488.

[125] Kang M S, Park S W. Development and application of total maximum daily loads simulation system using nonpoint source pollution model [J]. J. Korea Water Resour. Assoc., 2003, 36 (1): 117-128.

[126] 胡远安，程声通，贾海峰. 非点源模型中的水文模拟——以SWAT模型在芦溪小流域的应用为例 [J]. 环境科学研究，2003，16 (5)：29-32，36.

[127] Winchell M, Srinivasan R, Di Luzio M, et al. ArcSWAT2.1 interface for SWAT2005 user's guide [M]. Published by Agricultural Research Service and the Texas Agricultural Experiment Station, Temple Texas, July, 2008.

[128] Neitsch S L, Arnold J G, Kiniry J R, et al. Soil and water assessment tool theoretical documentation version 2005 [M]. Published by Agricultural Research Service and the Texas Agricultural Experiment Station, Temple Texas, 2005.

[129] Shi X Z, Yu D S, Warner E D, et al. Soil Database of 1 : 1,000,000 Digital Soil Survey and Reference System of the Chinese Genetic Soil Classification System [J]. Soil Survey Horizon, 2004, 45 (4): 129-136.

[130] Saxton K. Soil-Plant-Atmosphere-Water (SPAW) Field & Pond Hydrology Operational Manual (version 6.02) [J]. USDA-ARS, 2005: 1-23.

[131] 蔡福，祝青林，何洪林，等. 中国月平均地表反照率的估算及其时空分布 [J]. 资源科学，2005，27 (1)：114-120.

[132] 席承藩，徐琪，马毅杰，等. 长江流域土壤与生态环境建设 [M]. 北京：科学出版社，1994.

[133] 赵少华，宇万太，张璐，等. 土壤有机磷研究进展 [J]. 应用生态学报，2004，15 (11)：2189-2194.

[134] 刘钰，Pereira L S. 气象数据缺测条件下参照腾发量的计算方法 [J]. 水利学报，2001 (3)：11-17.

[135] 马有哲，刘小宁，许松. 中国太阳辐射数据集及其质量检验分析 [J]. 气象科技，1998 (2)：53-56.

[136] 姜连祥，许培培. 温湿度传感器SHT11的感测系统设计 [J]. 单片机与嵌入式系统应用，2007 (4)：49-51.

[137] Neitsch S L, Arnold J G, Kiniry J R, et al. Soil and Water Assessment Tool User's Manual Version 2000, Published by Texas Water Resources Institute TR-193, College Station, TX, 2002.

[138] 李硕，曾志远，张运生. 数字地形分析技术在分布式水文建模中的应用 [J]. 地球科学进展，2002，17 (5)：769-775.

[139] Morris M D. Factorial sampling plans for preliminary computational experiments [J]. Technometrics. 1991，33 (2)：161 - 174.

[140] Holvoet K，van Griensven A，Seuntjens P，et al. Sensitivity analysis for hydrology and pesticide supply towards the river in SWAT [J]. Physics and Chemistry of the Earth，Parts A/B/C，2005，30 (8 - 10)：518 - 526.

[141] Griensven A V，Meixner T，Grunwald S，et al. A global sensitivity analysis tool for the parameters of multi - variable catchment models [J]. Journal of Hydrology，2006，324 (1 - 4)：10 - 23.

[142] 李凤清，叶麟，刘瑞秋，等. 香溪河流域水体环境因子研究 [J]. 生态科学，2007，26 (3)：199 - 207.